Fadoua El Khannoussi

# Recueil des exercices pour la thermodynamique

Fadoua El Khannoussi

# Recueil des exercices pour la thermodynamique

## Précis des exercices en Thermodynamique

**Noor Publishing**

**Imprint**
Any brand names and product names mentioned in this book are subject to trademark, brand or patent protection and are trademarks or registered trademarks of their respective holders. The use of brand names, product names, common names, trade names, product descriptions etc. even without a particular marking in this work is in no way to be construed to mean that such names may be regarded as unrestricted in respect of trademark and brand protection legislation and could thus be used by anyone.

Cover image: www.ingimage.com

Publisher:
Noor Publishing
is a trademark of
Dodo Books Indian Ocean Ltd. and OmniScriptum S.R.L Publishing group
Str. Armeneasca 28/1, office 1, Chisinau-2012, Republic of Moldova, Europe
Printed at: see last page
**ISBN: 978-620-4-72346-4**

# Recueil des exercices pour la thermodynamique

**Fadoua El Khannoussi**

# Table des matières

Section I : Outils mathématique pour la thermodynamique 5

Solution des exercices de la section I 7

Section II : Définitions et concepts de base en thermodynamique 13

Solution des exercices de la section II 16

Section III :1er principe de la thermodynamique et ses applications 23

Solution des exercices de la section III 28

Section IV :2ème principe de la thermodynamique et ses applications 41

Solution des exercices de la section III 45

Références 57

## Section I : Outils mathématique pour la thermodynamique

**Exercice 1 :**

La forme différentielle $\delta f = 2xzdx + 4yzdy + (x^2 + y^2)dz$, respectivement $\delta g = 2xz\,dx + 2yz\,dy + (x^2 + y^2)\,dz$ est-elle exacte? Si oui calculer la fonction $f(x,y,z)$, respectivement $g(x,y,z)$.

**Exercice 2 :**

Soit les fonctions de plusieurs variables suivantes :

$$f_1(x,y) = \frac{xy}{x^2 + y^2}; \quad f_2(x,y) = \frac{x^2y^2}{\sqrt{y}}; \quad f_3(x,y) = y\log x + x\sin y$$

**1**-Calculer les dérivées partielles des fonctions $f_1, f_2$ et $f_3$.

**2**-En déduire leurs différentielles.

**3**-Ces différentielles sont-elles exactes ?

**Exercice 3 :**

Soit la forme différentielle :

$$\delta W = P(x,y,z)dx + Q(x,y,z)dy + R(x,y,z)dz$$

avec : $P(x,y,z) = \varphi(x)(x^2z + z^2 + 2xz); \quad Q(x,y,z) = 0; \quad R(x,y,z) = \varphi(x)(x^2 + x)(x + 2z)$.

Où $\varphi(x)$ est une fonction dépend seulement de x.

A quelles conditions doivent satisfaire P, Q et R pour que $\delta W$ soit une différentielle totale exacte. Trouver dans ce cas l'expression de $\varphi(x)$.

**Exercice 4 :**

On considère un gaz quelconque régi par une équation d'état de la forme $f(P,V,T) = 0$.

Démontrer que $\left(\frac{\partial P}{\partial V}\right)_T \left(\frac{\partial V}{\partial T}\right)_P \left(\frac{\partial T}{\partial P}\right)_V = -1$.

**Exercice 5 :**

L'équation d'état d'une mole d'un gaz réel s'écrit :

$$P = \frac{RT}{V-b} - \frac{a}{V^2}$$

où $a$ et $b$ sont des constantes positives, et $R$ est la constante des gaz parfaits.

**1-** Démontrer que la différentielle de la pression est donnée par :

$$dP = \frac{R}{V-b}dT + \left(\frac{2a}{V^3} - \frac{RT}{(V-b)^2}\right)dV$$

**2-** Déterminer les coefficients thermoélastiques $\alpha$ et $\beta$ en fonction de $V$ et $T$.

**3-** Donner la relation liant les coefficients $\alpha$, $\beta$ et le coefficient de compressibilité isotherme $\chi_T$. En déduire l'expression de $\chi_T$ en fonction de $V$ et $T$.

**Exercice 6 :**

On considère un gaz de Clausius obéissant à l'équation d'état: $PV = AT + BP$, où $A$ et $B$ sont deux constantes réelles.

**1-** Démontrer que le coefficient de dilatation isobare est $\alpha = \frac{A}{AT+BP}$.

**2-** Démontrer que le coefficient de compressibilité isotherme est $\chi_T = \frac{1}{P} - \frac{B}{AT+BP}$.

**3-** Que deviennent les coefficients $\alpha$ et $\chi_T$ dans le cas d'un gaz parfait ?

## Solution des exercices de la section I

**Exercice 1 :**

* $\delta f$ est–elle une différentielle exacte ?

Posons : $P(x,y,z)=2xz$ ; $Q(x,y,z)=4yz$ et $R(x,y,z)=x^2+y^2$ de sorte que :

$\delta f = P(x,y,z)dx + Q(x,y,z)dy + R(x,y,z)dz$.

$\delta f$ est une différentielle exacte $\Leftrightarrow \dfrac{\partial P}{\partial y}=\dfrac{\partial Q}{\partial x}$, $\dfrac{\partial Q}{\partial z}=\dfrac{\partial R}{\partial y}$ et $\dfrac{\partial P}{\partial z}=\dfrac{\partial R}{\partial x}$

On a :

$\dfrac{\partial P}{\partial y}=0 \qquad \dfrac{\partial Q}{\partial x}=0$

$\dfrac{\partial Q}{\partial z}=4y \qquad \dfrac{\partial R}{\partial y}=2y$

On constate que $\dfrac{\partial Q}{\partial z}\neq\dfrac{\partial R}{\partial y}$, donc $\delta f$ n'est pas une différentielle exacte.

* $\delta g$ est–elle une différentielle exacte ?

Posons : $P'(x,y,z)=2xz$ ; $Q'(x,y,z)=2yz$ et $R'(x,y,z)=x^2+y^2$ de sorte que

$\delta g = P'(x,y,z)dx + Q'(x,y,z)dy + R'(x,y,z)dz$.

On a : $\dfrac{\partial P'}{\partial y}=0$ ; $\dfrac{\partial Q'}{\partial x}=0$ ; $\dfrac{\partial Q'}{\partial z}=2y$ ; $\dfrac{\partial R'}{\partial y}=2y$ ; $\dfrac{\partial P'}{\partial z}=2x$ ; $\dfrac{\partial R'}{\partial x}=2x$.

Comme $\dfrac{\partial P'}{\partial y}=\dfrac{\partial Q'}{\partial x}$, $\dfrac{\partial Q'}{\partial z}=\dfrac{\partial R'}{\partial y}$ et $\dfrac{\partial P'}{\partial z}=\dfrac{\partial R'}{\partial x}$ pour tout $(x,y,z)\in\mathbb{R}^3$, $\delta g$ est une différentielle exacte et $\delta g = dg$.

* Calcul de $g(x,y,z)$

On a $dg = 2xzdx + 2yzdy + (x^2+y^2)dz = \dfrac{\partial g}{\partial x}dx + \dfrac{\partial g}{\partial y}dy + \dfrac{\partial g}{\partial z}dz$. Donc

$\dfrac{\partial g}{\partial x}=2xz$, $\dfrac{\partial g}{\partial y}=2yz$ et $\dfrac{\partial g}{\partial z}=x^2+y^2$

Intégrant $\dfrac{\partial g}{\partial x}$ par rapport à $x$, à $y$ et $z$ constants, on obtient : $g(x,y,z)=zx^2+\varphi(y,z)$.

D'où $\frac{\partial g}{\partial y} = 2yz = \frac{\partial \varphi}{\partial y} \Rightarrow \varphi(y,z) = zy^2 + \psi(z)$. Ainsi $g(x,y,z) = zx^2 + zy^2 + \psi(z)$. Mais $\frac{\partial g}{\partial z} = x^2 + y^2 = x^2 + y^2 + \frac{d\psi}{dz}$, donc $\frac{d\psi}{dz} = 0$, soit $\psi(z) = cste$. Finalement $\boxed{g(x,y,z) = z(x^2 + y^2) + cste}$.

**Exercice 2**

**1**-Les dérivées partielles des fonctions :

* $\boxed{f_1(x,y) = \frac{xy}{x^2 + y^2}}$

$$*\left(\frac{\partial f_1}{\partial x}\right)_y = y\frac{x^2 + y^2 - 2x^2}{\left(x^2 + y^2\right)^2} = y\frac{y^2 - x^2}{\left(x^2 + y^2\right)^2}$$

$$*\left(\frac{\partial f_1}{\partial y}\right)_x = x\frac{x^2 + y^2 - 2y^2}{\left(x^2 + y^2\right)^2} = y\frac{x^2 - y^2}{\left(x^2 + y^2\right)^2}$$

* Pour la fonction : $\boxed{f_2(x,y) = \frac{x^2 y^2}{\sqrt{y}}}$

$$*\left(\frac{\partial f_2}{\partial x}\right)_y = 2xy^{\frac{3}{2}}; \quad \left(\frac{\partial f_2}{\partial y}\right)_x = \frac{3}{2}x^2 y^{\frac{1}{2}}$$

*Pour la fonction : $\boxed{f_3(x,y) = y\log x + x\sin y}$

$$*\left(\frac{\partial f_3}{\partial x}\right)_y = \frac{y}{x} + \sin y; \quad \left(\frac{\partial f_3}{\partial y}\right)_x = \log x + x\cos y$$

**2**-Les différentielles des fonctions $f_1, f_2$ et $f_3$ :

$$*df_1 = \left(\frac{\partial f_1}{\partial x}\right)_y dx + \left(\frac{\partial f_1}{\partial y}\right)_x dy = y\frac{y^2 - x^2}{\left(x^2 + y^2\right)^2}dx + x\frac{x^2 - y^2}{\left(x^2 + y^2\right)^2}dy$$

$$*df_2 = \left(\frac{\partial f_2}{\partial x}\right)_y dx + \left(\frac{\partial f_2}{\partial y}\right)_x dy = 2xy^{\frac{3}{2}}dx + \frac{3}{2}x^2 y^{\frac{1}{2}}dy$$

$$*df_3 = \left(\frac{\partial f_3}{\partial x}\right)_y dx + \left(\frac{\partial f_3}{\partial y}\right)_x dy = \left(\frac{y}{x} + \sin y\right)dx + \left(\log x + x\cos y\right)dy$$

**3**-Les différentielles totales exactes :

-Pour $df_1$ :

$$*\frac{\partial^2 f_1}{\partial x \partial y}=\frac{6x^2y^2-x^4-y^4}{\left(x^2+y^2\right)^3}; \quad \frac{\partial^2 f_1}{\partial y \partial x}=\frac{6x^2y^2-x^4-y^4}{\left(x^2+y^2\right)^3}$$

On constate que : $\frac{\partial^2 f_1}{\partial x \partial y}=\frac{\partial^2 f_1}{\partial y \partial x}$

Donc $df_1$ est une différentielle totale exacte.

-Pour $df_2$ :

$$*\frac{\partial^2 f_2}{\partial x \partial y}=3xy^{\frac{1}{2}}; \quad \frac{\partial^2 f_2}{\partial y \partial x}=3xy^{\frac{1}{2}}$$

On constate que : $\frac{\partial^2 f_2}{\partial x \partial y}=\frac{\partial^2 f_2}{\partial y \partial x}$

Donc $df_2$ est une différentielle totale exacte.

-Pour $df_3$ :

$$*\frac{\partial^2 f_3}{\partial x \partial y}=\frac{1}{x}+\cos y; \quad \frac{\partial^2 f_3}{\partial y \partial x}=\frac{1}{x}+\cos y$$

On constate que : $\frac{\partial^2 f_3}{\partial x \partial y}=\frac{\partial^2 f_3}{\partial y \partial x}$

D'où $df_3$ est une différentielle totale exacte.

**Exercice 3 :**

Soit l'expression différentielle : $\delta W=P(x,y,z)dx+Q(x,y,z)dy+R(x,y,z)dz$.

Si $\delta W$ est une différentielle totale exacte, alors P, Q et R doivent vérifier les conditions suivantes : $\frac{\partial P}{\partial y}=\frac{\partial Q}{\partial x}$, $\frac{\partial Q}{\partial z}=\frac{\partial R}{\partial y}$ et $\frac{\partial P}{\partial z}=\frac{\partial R}{\partial x}$.

Détermination de $\varphi(x)$ :

Comme $Q(x,y,z)=0$, donc les trois conditions précédentes se réduisent à :

$$\frac{\partial P}{\partial z}=\frac{\partial R}{\partial x} \qquad \textbf{(a)}$$

Mais : $P(x,y,z)=\varphi(x)\left(x^2z+z^2+2xz\right)$ et $R(x,y,z)=\varphi(x)\left(x^2+x\right)(x+2z)$

Donc : $$\begin{cases}\dfrac{\partial P}{\partial z}=\varphi(x)\left(x^2+2z+2x\right)\\ \dfrac{\partial R}{\partial x}=\dfrac{d\varphi(x)}{dx}\left(x^2+x\right)(x+2z)+\varphi(x)\left(3x^2+4xz+2x+2z\right)\end{cases} \qquad \textbf{(b)}$$

De (a) et (b) il vient :

$$\frac{d\varphi(x)}{dx}(x+1)=-2\varphi(x)$$

D'où :

$\varphi(x)=\dfrac{k}{(x+1)^2}$ avec k une constante.

**Exercice 4**

On a : $\left(\dfrac{\partial P}{\partial V}\right)_T=-\dfrac{\frac{\partial f}{\partial V}}{\frac{\partial f}{\partial P}}$ ; $\left(\dfrac{\partial V}{\partial T}\right)_P=-\dfrac{\frac{\partial f}{\partial T}}{\frac{\partial f}{\partial V}}$ et $\left(\dfrac{\partial T}{\partial P}\right)_V=-\dfrac{\frac{\partial f}{\partial P}}{\frac{\partial f}{\partial T}}$. D'où :

$$\left(\frac{\partial P}{\partial V}\right)_T\left(\frac{\partial V}{\partial T}\right)_P\left(\frac{\partial T}{\partial P}\right)_V=\left(-\frac{\frac{\partial f}{\partial V}}{\frac{\partial f}{\partial P}}\right)\left(-\frac{\frac{\partial f}{\partial T}}{\frac{\partial f}{\partial V}}\right)\left(-\frac{\frac{\partial f}{\partial P}}{\frac{\partial f}{\partial T}}\right)=-1, \text{ soit } \boxed{\left(\frac{\partial P}{\partial V}\right)_T\left(\frac{\partial V}{\partial T}\right)_P\left(\frac{\partial T}{\partial P}\right)_V=-1}.$$

**Exercice 5**

**1)** On a : $dP=\left(\dfrac{\partial P}{\partial T}\right)_V dT+\left(\dfrac{\partial P}{\partial V}\right)_T dV$. Mais $\left(\dfrac{\partial P}{\partial T}\right)_V=\dfrac{R}{V-b}$ et $\left(\dfrac{\partial P}{\partial V}\right)_T=\dfrac{2a}{V^3}-\dfrac{RT}{(V-b)^2}$. D'où

$$dP=\frac{R}{V-b}dT+\left(\frac{2a}{V^3}-\frac{RT}{(V-b)^2}\right)dV.$$

**2)** Les expressions des coefficients thermoélastiques s'écrivent: $\alpha=\dfrac{1}{V}\left(\dfrac{\partial V}{\partial T}\right)_P$ et $\beta=\dfrac{1}{P}\left(\dfrac{\partial P}{\partial T}\right)_V$

Le calcul de $\beta$ se fait facilement à partir de l'équation d'état $P=\dfrac{RT}{V-b}-\dfrac{a}{V^2}$. On a

$\left(\frac{\partial P}{\partial T}\right)_V = \frac{R}{V-b}$ (on peut aussi utiliser l'expression de $dP$ donnée dans la première question).

D'où

$$\beta = \frac{1}{P}\left(\frac{\partial P}{\partial T}\right)_V = \frac{1}{P}\frac{R}{V-b} = \frac{V^2(V-b)}{RTV^2 - a(V-b)}\frac{R}{V-b} = \frac{RV^2}{RTV^2 - a(V-b)}$$

$$\boxed{\beta = \frac{RV^2}{RTV^2 - a(V-b)}}$$

Pour le coefficient $\alpha$, le calcul direct à partir de l'équation d'état est fastidieux. Il est plus astucieux de voir que $V$ est défini implicitement en fonction de $(T,P)$ en posant l'équation d'état sous la forme suivante: $f(V,T,P) = P - \frac{RT}{V-b} + \frac{a}{V^2} = 0$.

D'après le cours, on a : $\left(\frac{\partial V}{\partial T}\right)_P = -\frac{\frac{\partial f}{\partial T}}{\frac{\partial f}{\partial V}}$. Le calcul de $\frac{\partial f}{\partial T}$ et $\frac{\partial f}{\partial V}$ donne : $\frac{\partial f}{\partial T} = -\frac{R}{V-b}$ et $\frac{\partial f}{\partial V} = \frac{RT}{(V-b)^2} - \frac{2a}{V^3}$.

D'où $\left(\frac{\partial V}{\partial T}\right)_P = -\frac{-\frac{R}{V-b}}{\frac{RT}{(V-b)^2} - \frac{2a}{V^3}} = \frac{RV^3(V-b)}{RTV^3 - 2a(V-b)^2}$ et $\alpha = \frac{1}{V}\left(\frac{\partial V}{\partial T}\right)_P = \frac{RV^2(V-b)}{RTV^3 - 2a(V-b)^2}$.

$$\boxed{\alpha = \frac{RV^2(V-b)}{RTV^3 - 2a(V-b)^2}}$$

**3)** La relation liant les trois coefficients thermoélastiques se déduit facilement de l'identité remarquable liant les dérivées partielles de variables définies par une équation implicite à 3 variables, à savoir dans ce cas: $\left(\frac{\partial V}{\partial T}\right)_P\left(\frac{\partial T}{\partial P}\right)_V\left(\frac{\partial P}{\partial V}\right)_T = -1$.

Cette relation permet d'écrire $V\frac{1}{V}\left(\frac{\partial V}{\partial T}\right)_P \frac{1}{P}\frac{1}{\frac{1}{P}\left(\frac{\partial P}{\partial T}\right)_V}\frac{-\frac{1}{V}}{-\frac{1}{V}\left(\frac{\partial V}{\partial P}\right)_T} = -1$, soit $\alpha\frac{1}{P}\frac{1}{\beta}\frac{-1}{\chi_T} = -1$,

c'est-à-dire après simplification : $\boxed{\alpha = P\beta\chi_T}$. Il faut remarquer que la relation précédente est tout à fait générale, que le gaz soit parfait ou non. Dans son établissement nous n'avons utilisé en fait que la forme générale de l'équation d'état des gaz $f(V,T,P)=0$ avec f qui est a priori quelconque.

Le calcul de $\chi_T$ peut se faire maintenant aisément à partir des expressions de $\alpha$ et $\beta$ établies précédemment. On a : $\chi_T = \frac{\alpha}{P\beta} = \frac{(V-b)\left[RTV^2 - a(V-b)\right]}{P\left[RTV^3 - 2a(V-b)^2\right]}$. En substituant $P = \frac{RTV^2 - a(V-b)}{(V-b)V^2}$ dans l'expression ci-dessus de $\chi_T$, il vient :

$\chi_T = \frac{\alpha}{P\beta} = \frac{V^2(V-b)^2}{RTV^3 - 2a(V-b)^2}$, soit finalement : $\boxed{\chi_T = \frac{V^2(V-b)^2}{RTV^3 - 2a(V-b)^2}}$.

**Exercice 6**

**1-**Le coefficient de dilatation isobare d'un gaz est $\alpha = \frac{1}{V}\left(\frac{\partial V}{\partial T}\right)_P$. Pour le calculer écrivons la loi d'état du gaz de Clausius sous la forme d'une fonction implicite : $f(P,V,T) = P(V-B) - AT = 0$. On obtient alors : $\left(\frac{\partial V}{\partial T}\right)_P = -\frac{\frac{\partial f}{\partial T}}{\frac{\partial f}{\partial V}} = \frac{A}{P}$, d'où : $\alpha = \frac{A}{PV}$

Soit $\alpha = \frac{A}{AT + BP}$.

**2-**Par définition, on a : $\chi_T = -\frac{1}{V}\left(\frac{\partial V}{\partial P}\right)_T$. Avec $\left(\frac{\partial V}{\partial P}\right)_T = -\frac{\frac{\partial f}{\partial P}}{\frac{\partial f}{\partial V}} = -\frac{V-B}{P}$

Ce qui donne $\chi_T = \frac{V-B}{PV}$, soit : $\chi_T = \frac{1}{P} - \frac{B}{AT+BP}$

**3-**Dans le cas d'un gaz parfait, on a : $PV = nRT$. Par identification, on obtient : A=nR et B=0. En substituants les valeurs des constantes A et B dans les expressions des coefficients $\alpha$ et $\chi_T$, il vient : $\alpha = \frac{1}{T}$ et $\chi_T = \frac{1}{P}$.

## Section II : Définitions et concepts de base en thermodynamique

**Exercice 1 :**

Un thermomètre à mercure gradué de manière uniforme donne les indications suivantes sous la pression atmosphérique :

* le nombre de divisions qu'il affiche lorsqu'il est plongé dans la vapeur d'eau bouillante est $n_{100} = +103$ ;

* le nombre de divisions qu'il affiche lorsqu'il est plongé dans un bain de glace fondante est $n_0 = -2$.

**1)** Dans un bain tiède, le mercure affleure à la division n = +70. Déterminer la température $\theta(^\circ C)$ du bain, indiquée par ce thermomètre.

**2)** Déterminer la correction à apporter à la lecture de la division n, sous la forme $\theta - n = f(n)$. En déduire la température $\theta$ pour laquelle aucune correction n'est nécessaire.

**Exercice 2 :**

On se propose dans cet exercice de trouver la relation entre la résistance R d'une thermistance donnée et la température T. On a ainsi effectué trois mesures de R à trois températures différentes :

$(R_1 = 464\ M\Omega, T_1 = 150\ K)$ ; $(R_2 = 1\ M\Omega, T_2 = 200\ K)$ ; et $(R_3 = 25.1\ k\Omega, T_3 = 250\ K)$

**1)** Montrer qu'on peut relier la résistance R de la thermistance à la température absolue T par la relation : $R = A \exp\left[B\left(\frac{1}{T} - \frac{1}{T_0}\right)\right]$, on déterminera les constantes A et B en précisant leurs unités, $T_0$ est une constante, et elle vaut $T_0 = 400\ K$.

**2)** Sachant que la résistance est mesurée au voisinage de $300\ K$, avec une précision relative de $10^{-4}$, quelle est la plus petite variation de température que la thermistance permet de déceler.

**Exercice 3**

Lorsque la soudure de référence d'un thermocouple est à $\theta = 0°C$ (bain de glace fondante) et l'autre à la température $\theta$ (supposée exacte), exprimé en $°C$, la f.e.m. thermoélectrique fournie par le thermocouple est donnée par la relation

$E = a\theta + b\theta^2$

avec $a = 0.2\,mV.^{\circ}C^{-1}$ et $b = -5\times10^{-4}\,mV.^{\circ}C^{-2}$

Supposons que nous définissions une échelle de température par la relation linéaire :

$\theta^* = \alpha E + \beta$

en considérant la f.e.m. comme étant le phénomène thermoélectrique tel que $\theta^* = 0$ pour la glace fondante et $\theta^* = 100$ à la température de l'eau bouillante sous pression atmosphérique normale.

**1)** Trouver les valeurs de $\alpha$ et $\beta$.

**2)** Exprimer l'écart $\theta - \theta^*$

**3)** Pour quelle température on aura une erreur maximale ?

**Exercice 4**

Un morceau de fer de masse $m_1 = 30\,g$ est introduit dans une étuve de température T. Après avoir atteint la température de l'étuve, on le plonge immédiatement dans un vase calorimétrique contenant $m_0 = 50\,g$ d'eau à la température $T_i = 14\,^{\circ}C$. La température à l'équilibre est $T_e = 20\,^{\circ}C$.

**1)** Si on néglige la valeur en eau du calorimètre et accessoires, calculer la température de l'étuve.

**2)** En réalité la valeur en eau du calorimètre et accessoires n'est pas négligeable et vaut $10\,g$. Calculer la nouvelle température de l'étuve. Conclusion.

On donne : chaleur massique de fer : $c_1 = 0.114\,cal.g^{-1}.^{\circ}C^{-1}$

Chaleur massique de l'eau: $c_2 = 1\,cal.g^{-1}.^{\circ}C^{-1}$.

**Exercice 5**

Un calorimètre de capacité thermique $\mu = 150\,J.K^{-1}$ contient une masse $m_1 = 200\,g$ d'eau à la température initiale $\theta_1 = 50°C$. On y place un glaçon de masse $m_2 = 160\,g$ sortant du congélateur à la température $\theta_2 = -23°C$.

Déterminer l'état final d'équilibre du système : température finale et masses des différents corps présents dans le vase calorimétrique.

**Données :** Chaleur massique de l'eau : $c_e = 1\,kcal.kg^{-1}.K^{-1}$

Chaleur massique de la glace : $c_g = 2090\,J.kg^{-1}.K^{-1}$

Chaleur latente de fusion de la glace : $L_f = 3.34\times10^5\,J.kg^{-1}$

**Exercice 6**

On considère deux moles d'oxygène (gaz considéré comme gaz parfait) que l'on peut faire passer réversiblement de l'état initial $A(P_A, V_A, T_A)$ à l'état final $B(P_B = 3P_A, V_B, T_A)$ par trois chemins différent :

-chemin 1 : transformation isotherme ;

-chemin 2 : représenté par une droite ;

-chemin 3 : voir figure ci-contre.

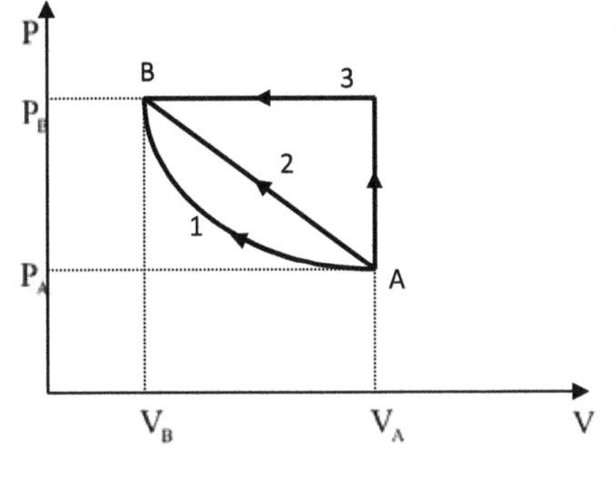


Calculer, pour chaque chemin, les travaux et les quantités de chaleur mis en jeu en fonction de R et T. Que peut-on conclure ?

## Solution des exercices de la section II

### Exercice 1

**1)** Les 103 divisions correspondent à la vapeur d'eau ( 100°C ). La division -2 correspond à la glace fondante ( 0°C ).

Cherchons la courbe d'étalonnage sous la forme d'une droite (car nous avons seulement deux informations). Posons l'équation thermométrique sous la forme: $\theta = an + b$ où $\theta$ est la température en °C, $n$ le nombre de divisions lu, et $a$ et $b$ les deux constantes d'étalonnage.

On a : $\begin{cases} 100 = a \times 103 + b \\ 0 = a \times (-2) + b \end{cases}$. On en déduit par résolution du système des deux équations aux deux inconnues $a$ et $b$, que $a = \dfrac{20}{21}$ et $b = \dfrac{40}{21}$ (les résultats sont donnés avec 4 chiffres significatifs).

L'équation thermométrique s'écrit alors : $\boxed{\theta(°C) = \dfrac{20}{21}(n+2)}$.

Pour déterminer maintenant la température qui correspond à l'indication n = + 70, il suffit donc d'utiliser la relation ci-dessus :

$$\boxed{\theta(°C) = \frac{20}{21}(70+2) = 68.57\ °C}$$

**2)** La correction s'écrit : $\theta - n = \dfrac{20}{21}(n+2) - n = \dfrac{40-n}{21}$

on voit donc bien que lorsque $n = 40$, la correction devient nulle, c'est-à-dire que pour cette indication il n'y a aucune correction à apporter.

Par conséquent la température indiquée par ce thermomètre et la température réelle en degrés Celsius sont égales : $n = \theta = 40\ °C$.

### Exercice 2

**1)**Une thermistance est une résistance à base d'oxyde métallique dont la valeur de la résistance varie en fonction de la température.

on suppose que la résistance est liée à la température par la relation suivante : $R = A \exp\left[B\left(\dfrac{1}{T} - \dfrac{1}{T_0}\right)\right]$, et on l'applique à deux couples quelconques de valeurs ; par exemple $(R_1 = 464\ M\Omega, T_1 = 150\ K)$ et $(R_2 = 1\ M\Omega, T_2 = 200\ K)$. On peut ainsi déterminer A et B.

Puis, on applique cette relation pour la valeur $(T_3 = 250\,K)$ et on vérifie si le résultat trouvé est proche de la valeur mesurée c'est-à-dire $(R_3 = 25.1\,k\Omega)$.

**Rappel :** $M\Omega = 10^6\,\Omega; k\Omega = 10^3\Omega$

On obtient dans un premier temps un système de deux équations à 2 inconnues

$$R_1 = A\exp\left[B\left(\frac{1}{T_1}-\frac{1}{T_0}\right)\right] \quad (1)$$
$$R_2 = A\exp\left[B\left(\frac{1}{T_1}-\frac{1}{T_0}\right)\right] \quad (2)$$

d'où : $\frac{(1)}{(2)} = \frac{R_1}{R_2} = \frac{\exp\left[B\left(\frac{1}{T_1}-\frac{1}{T_0}\right)\right]}{\exp\left[B\left(\frac{1}{T_1}-\frac{1}{T_0}\right)\right]}$

ainsi : $Ln\left(\frac{R_1}{R_2}\right) = B\left(\left(\frac{1}{T_1}-\frac{1}{T_2}\right)\right) \Rightarrow B = \frac{T_1T_2}{T_2-T_1}Ln\left(\frac{R_1}{R_2}\right)$

A.N. $B = 3684\,K$

$$(1) \Rightarrow R_1 = A\exp\left[B\left(\frac{1}{T_1}-\frac{1}{T_0}\right)\right] \Rightarrow A = R_1\exp\left[-B\left(\frac{1}{T_1}-\frac{1}{T_0}\right)\right] = 100\,\Omega$$

Appliquons maintenant cette relation $(T_3 = 250\,K)$, on constate donc que cette valeur calculée est bien égale à la valeur réelle donnée dans l'énoncé $(R_3 = 25.1\,k\Omega)$

En conséquence on peut considérer que cette relation est bien vérifiée.

**2)** Pour calculer la plus petite variation de la température, on peut soit calculer directement la dériver de R par rapport à T ou bien utiliser la méthode de la différentielle logarithmique. Ainsi en utilisant cette dernière méthode par exemple, on obtient :

$$R = A\exp\left[B\left(\frac{1}{T}-\frac{1}{T_0}\right)\right] \Rightarrow Ln\frac{R}{A} = B\left(\frac{1}{T}-\frac{1}{T_0}\right) \Rightarrow d\left(Ln\frac{R}{A}\right) = d\left(B\left(\frac{1}{T}-\frac{1}{T_0}\right)\right)$$

$$\frac{dR}{R} = -\frac{B}{T^2}dT \Rightarrow \frac{dR}{dT} = -\frac{B}{T^2}R$$

-La majoration physique permet d´écrire :

$$\frac{dR}{dT} = -\frac{B}{T^2}R \Rightarrow \left|\frac{dR}{dT}\right| = \left|-\frac{B}{T^2}R\right| \Rightarrow \frac{\Delta R}{\Delta T} = \frac{B}{T^2}R \Rightarrow \frac{\Delta R}{R} = \frac{B}{T^2}\Delta T \Rightarrow \Delta T = \frac{T^2}{B}\frac{\Delta R}{R}$$

A.N : $\frac{\Delta R}{R} = 10^{-4}$ , $\Delta T = \frac{300^2}{3684}10^{-4} \Rightarrow$ soit : $\Delta T = 2.44 10^{-3}\,K$.

**Exercice 3**

**1)** On a $E = a\theta + b\theta^2 = 0.2\theta - 5\times10^{-4}\theta^2$. On définit une échelle de température par la relation linéaire : $\theta^* = \alpha E + \beta$. On a : $\begin{cases} E(\theta=0) = 0.2\times0 - 5\times10^{-4}\times0 = 0\,mV \\ E(\theta=100) = 0.2\times100 - 5\times10^{-4}\times(100)^2 = 15\,mV \end{cases}$. Ainsi

$\begin{cases} 0=\alpha\times 0+\beta \\ 100=\alpha\times 15+\beta \end{cases}$, ce qui donne : $\alpha=20/3=6.667$ et $\beta=0$. L'équation thermométrique s'écrit alors : $\theta^*=6.667\,\text{E}$

**2)** Calculons l'écart $\theta-\theta^*$ en fonction de E. Pour cela, calculons d'abord $\theta$ en fonction de E. On a $E=0.2\theta-5\times10^{-4}\theta^2 \Rightarrow 5\times10^{-4}\theta^2-0.2\theta+E=0$. C'est une équation de second degré en $\theta$. Le discriminent est $\Delta=(0.2)^2-4\times5\times10^{-4}E=10^{-2}(4-0.2E)$ pour que ce discriminent soit positif $\Delta\geq 0$ il ne faut pas que E dépasse 20 mV , ce qui est vérifié pour l'intervalle $[0,100]\,°C$. D'où $\theta_1=\dfrac{0.2-0.1\sqrt{4-0.2E}}{10^{-3}}=200-100\sqrt{4-0.2E}$ ou $\theta_2=200+100\sqrt{4-0.2E}$. La deuxième solution n'est pas physique : $\theta_2\notin[0,100]\,°C$. Il faut prendre donc $\theta=200-100\sqrt{4-0.2E}$. L'écart est alors : $\theta-\theta^*=200-100\sqrt{4-0.2E}-20E/3$.

**3)** Posons $f(E)=\theta-\theta^*=200-100\sqrt{4-0.2E}-20E/3$. L'écart est maximum $f'(E)=0$.

$f'(E)=-100\dfrac{-0.2}{2\sqrt{4-0.2E}}-20/3=\dfrac{10}{\sqrt{4-0.2E}}-20/3$. D'où : $f'(E)=0\Rightarrow 4-0.2E=\dfrac{9}{4}$, soit $E=20-\dfrac{45}{4}=\dfrac{35}{4}=8.75\text{ mV}$. On peut vérifier que $f''(E)=\dfrac{1}{(4-0.2E)^{3/2}}>0$. Donc $f(E)=\theta-\theta^*$ passe par un minimum en $E=8.75\text{ mV}$. Le calcul du minimum donne $f(8.75)=200-100\sqrt{4-0.2\times8.75}-6.667\times8.75=-8.333$. D'autre part, la fonction reste tout le temps sur l'intervalle $E\in[0,15]\text{mV}$ puisque $f(0)=0$ et $f(15)=0$. Donc l'écart maximum en valeur absolue s'obtient bien pour $E=8.75\text{ mV}$ et $\theta-\theta^*=-8.333\,°C$. L'utilisation de l'échelle linéaire $\theta^*$ conduit par conséquent à une erreur par excès qui vaut au minimum $8.333\,°C$.

Cette erreur n'est pas négligeable dans la pratique. Donc, l'échelle linéaire considérée ici ne suffit pas et l'équation calorimétrique à considérer est soit $\theta=200-100\sqrt{4-0.2E}$, ou bien tout autre approximation suffisamment précise de cette approximation.

**Exercice 4**

**1)** On néglige la valeur en eau du calorimètre :

L'équation calorimétrique : $Q_f+Q_e=0$ (pas des fuites thermiques)

Où $Q_f$ est la quantité de chaleur cédée par le morceau de fer avec $Q_f=m_1c_1(T_e-T)$

$Q_e$ est la quantité de chaleur absorbée par l'eau avec $Q_e = m_0 c_0 (T_e - T_i)$

Donc $m_1 c_1 (T_e - T) + m_0 c_0 (T_e - T_i) = 0$

D'où : $T = \frac{m_0 c_0}{m_1 c_1}(T_e - T_i) + T_e$

A.N : $T = 107.22\ ^\circ C$

**2)** La valeur en eau $\mu$ du calorimètre est la masse d'eau qui absorbe la même quantité de chaleur que le calorimètre et ces accessoires pour une même élévation de température.

Le système {eau+calorimètre+fer} est isolé, l'équation calorimétrique s'écrit sous la forme: $Q'_f + Q'_e = 0$

Avec : $Q'_f = m_1 c_1 (T_e - T')$ ; $Q_e = (m_0 + \mu) c_0 (T_e - T_i)$

D'où : $T' = \frac{m_0 + \mu}{m_1 c_1} c_0 (T_e - T_i) + T_e$

A.N : $T' = 125.26\ ^\circ C$.

Conclusion : si nous négligeons $\mu$, nous commettons sur la mesure de la température de l'étuve une erreur absolue :

$\Delta T = T' - T = 17.54\ ^\circ C$

Et une erreur relative : $\frac{\Delta T}{T'} = 14\%$

Cette erreur est considérable si on néglige la valeur en eau du calorimètre.

**Exercice 5**

Supposons que le bloc de glace fond dans sa totalité et notons $\theta_e$ la température d'équilibre.

Soit $Q_1$ la quantité de chaleur cédée par l'eau et le calorimètre (initialement en équilibre à la température $\theta_1$) : $Q_1 = m_1 c_{eau}(\theta_e - \theta_1) + \mu(\theta_e - \theta_1)$

Soit $Q_2$ la quantité de chaleur captée par le bloc de glace (initialement en équilibre à la température $\theta_2$ ): $Q_2 = m_2 c_{glace}(0 - \theta_2) + m_2 L_f + m_2 c_{eau}(\theta_e - 0) = -m_2 c_{glace}\theta_2 + m_2 L_f + m_2 c_{eau}\theta_e$.

Le système {eau+glace+calorimètre} est isolé, donc : $Q_1 + Q_2 = 0$.

En substituant $Q_1$ et $Q_2$ par leurs expressions données ci-dessus, il vient l'équation $m_1 c_{eau}(\theta_e - \theta_1) + \mu(\theta_e - \theta_1) - m_2 c_{glace}\theta_2 + m_2 L_f + m_2 c_{eau}\theta_e = 0$, ce qui donne

$$\boxed{\theta_e = \frac{(m_1 c_{eau} + \mu)\theta_1 + m_2 c_{glace}\theta_2 - m_2 L_f}{(m_1 + m_2)c_{eau} + \mu}}$$

A.N. : $\theta_e = \dfrac{(0.2\times4185+150)\times50-0.160\times2090\times23-0.16\times3.34\times10^5}{(0.2+0.16)\times4185+150} = -7.11°C$

$\boxed{\theta_e = -7.11°C}$

Ce résultat est aberrant car à cette température (et sous la pression atmosphérique), l'eau est à l'état solide. Donc notre hypothèse de départ est fausse, ce qui revient à dire que la glace n'a pas fondue dans sa totalité. Dans ce cas la température du système à l'équilibre sera nécessairement $\theta_e \le 0°C$ ($\theta_e < 0°C$ température où la glace n'a pas fondu ou bien $\theta_e = 0°C$ température de la glace fondante).

Supposons que $\theta_e = 0°C$. Soit $Q_1$ la quantité de chaleur cédée par l'eau et le calorimètre pour passer de $\theta_1$ à $\theta_e = 0°C$ : $Q_1 = m_1c_{eau}(\theta_e-\theta_1)+\mu(\theta_e-\theta_1) = -(m_1c_{eau}+\mu)\theta_1$.

Soit $Q_2$ la quantité de chaleur captée par le bloc de glace pour passer de $\theta_2 = -23°C$ à $\theta_e = 0°C$ et pour faire fondre une masse $m$ de ce bloc : $Q_2 = m_2c_{glace}(\theta_e-\theta_2)+mL_f = -m_2c_{glace}\theta_2+mL_f$

Le système {eau+glace+calorimètre} est isolé, donc : $Q_1+Q_2=0$. En substituant $Q_1$ et $Q_2$ par leurs nouvelles expressions données ci-dessus, il vient l'équation $-(m_1c_{eau}+\mu)\theta_1 - m_2c_{glace}\theta_2 + mL_f = 0$, dont la seule inconnue est désormais $m$. Sa résolution en $m$ donne : $\boxed{m = \dfrac{(m_1c_{eau}+\mu)\theta_1+m_2c_{glace}\theta_2}{L_f}}$.

A.N. : $m = \dfrac{(0.2\times4185+150)\times50-0.16\times2090\times23}{3.34\times10^5} = 0.1247\text{ kg}$. $\boxed{m = 125\text{ g}}$

Les différents corps présents dans le vase calorimétrique à la température d'équilibre 0°C sont :

- la glace n'ayant pas fondue de masse $m_2 - m$ ;
- l'eau de masse totale $m_1 + m$

A.N. : Le mélange se compose alors de 35g de glace et 325g d'eau et sa température est 0°C (température de la glace fondante à la pression atmosphérique).

**Exercice 6**

On peut remarquer que $T_B = T_A$, ce qui signifie que l'énergie interne du système qui est un gaz parfait (donc vérifiant la première loi de Joule) n'a pas varié entre les états A et B. On peut alors conclure que $\Delta U_{A\to B} = 0$ quelque soit le chemin suivi. Cette conclusion est importante car $\Delta U_{A\to B} = W_{A\to B} + Q_{A\to B} = 0$ entraine que $Q_{A\to B} = -W_{A\to B}$. Il suffit alors de calculer les travaux échangés.

* Travail échangé pour le chemin (1)

La transformation $A(P_A, V_A, T_A) \rightarrow B(P_B = 3P_A, V_B, T_A)$ est isotherme réversible, donc

$$W_1 = \int_{V_A}^{V_B} -PdV = -2RT_A \int_{V_A}^{V_B} \frac{dV}{V} = -2RT_A \ln\left(\frac{V_B}{V_A}\right) = -2RT_A \ln\left(\frac{\frac{2RT_A}{P_B}}{\frac{2RT_A}{P_A}}\right) = -2RT_A \ln\left(\frac{P_A}{P_B}\right).$$

$\boxed{W_1 = 2RT_A \ln\left(\frac{P_B}{P_A}\right) = 2RT_A \ln(3)}$. $\boxed{Q_1 = -W_1 = -2RT_A \ln(3)}$.

* Travail échangé pour le chemin (2)

La transformation $A(P_A, V_A, T_A) \rightarrow B(P_B = 3P_A, V_B, T_A)$ est maintenant représentée dans le diagramme de Clapeyron par une droite passant par les points $A$ et $B$. Le travail échangé est positif et il est donné par l'aire de la surface délimitée par cette droite, les deux droites verticales $V = V_A$ et $V = V_B$, et l'axe des $V$. Cette surface est un trapèze, d'où : $W_2 = \frac{1}{2}(V_A - V_B)(P_B + P_A)$. Mais $P_B = 3P_A$ et $V_B = \frac{1}{3}V_A$, ce qui donne

$W_2 = \frac{1}{2}\left(\frac{2}{3}V_A\right)(4P_A) = \frac{4}{3}P_A V_A = \frac{8}{3}RT_A$. $\boxed{W_2 = \frac{8}{3}RT_A}$. Par conséquent $\boxed{Q_2 = -W_2 = -\frac{8}{3}RT_A}$.

* Travail échangé pour le chemin (3)

La transformation $A(P_A, V_A, T_A) \rightarrow B(P_B = 3P_A, V_B, T_A)$ se décompose en deux transformations élémentaires: la première est isochore et la deuxième est isobare. Seule cette deuxième transformation contribue au travail échangé par le système qui passe de l'état $A$ à l'état $B$, travail noté $W_3$. Ce travail est positif. Il est donné par l'aire de la surface du rectangle défini par la droite horizontale passant par le point $B$, les deux droites verticales $V = V_A$ et $V = V_B$, et l'axe des $V$. D'où $W_3 = (V_A - V_B)P_B = \left(\frac{2}{3}V_A\right)(3P_A) = 2P_A V_A = 4RT_A$.

$\boxed{W_3 = 4RT_A}$. La quantité de chaleur échangée durant la transformation (3) est alors $\boxed{Q_3 = -W_3 = -4RT_A}$.

**Remarque :**

* Le travail et la quantité de chaleur échangés dépendent du chemin suivi, alors que leur somme n'en dépend pas. Le travail et la quantité de chaleur ne sont pas des fonctions d'état, bien que leur somme l'est.

* On vérifie ici les inégalités $W_1 < W_2 < W_3$ qui sont évidentes à partir du diagramme de Clapeyron représentant les trois transformations (le travail est l'aire de la surface sous la courbe représentant la transformation).

## Section III : $1^{er}$ principe de la thermodynamique et ses applications

### Exercice 1

On considère la transformation cyclique réversible d'une mole de gaz parfait, représentée par un rectangle sur le diagramme de Clapeyron $(P, V)$ :

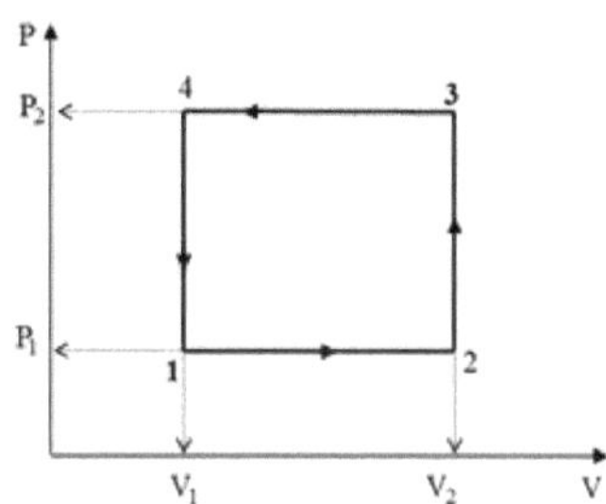


**1)** Calculer le travail et la quantité de chaleur échangés au cours de chaque transformation $1 \rightarrow 2$, $2 \rightarrow 3$, $3 \rightarrow 4$ et $4 \rightarrow 1$, entre le système gazeux et le milieu extérieur, en fonction de $\gamma$ et des coordonnées indiquées dans le diagramme.

**2)** Calculer le travail et la quantité de chaleur échangés au cours du cycle entier. Vérifier le premier principe de la thermodynamique.

Le rapport des capacités calorifiques molaires à pression et volume constants est $\gamma = \dfrac{C_{Pm}}{C_{Vm}}$.

### Exercice 2

L'état initial d'une mole de gaz parfait est caractérisé par $P_0 = 10^5$ Pa et $V_0 = 14\,\ell$. On fait subir successivement et réversiblement à ce gaz :

- une détente isobare qui double son volume initial ;
- une compression isotherme qui le ramène à son volume initial ;
- un refroidissement isochore qui le ramène à l'état initial.

**1)** A quelle température s'effectue la compression isotherme ? En déduire la pression maximale atteinte. Représenter le cycle de transformations dans le diagramme de Clapeyron.

**2)** Calculer le travail échangé par le système au cours du cycle.

### Exercice 3

On considère dans un tube aux parois adiabatiques, une mole de gaz qui se détend lentement et irréversiblement à travers une paroi poreuse depuis la pression $P_1$ et la température $T_1$, jusqu'à la pression $P_2$ et la température $T_2$ $(P_1 > P_2)$, voir figure ci-dessous.

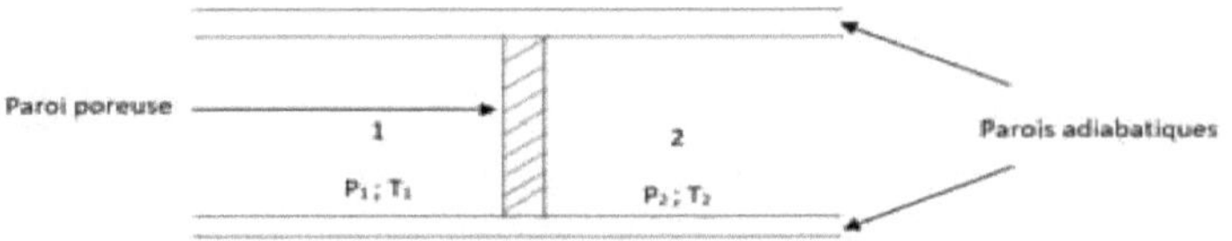


**1)** Montrer que la détente de Joule-Thomson défini ci-dessus est isoenthalpique ($H_1$=$H_2$).

**2)** On considère une transformation de Joule-Thomson élémentaire faisant varier la température $dT$ et la pression $dP$.

Exprimer le coefficient $\mu=\dfrac{dT}{dP}$ en fonction de $\alpha, C_{Pm}, V$ et $T$.

**3)** Si le gaz considéré est un gaz parfait, calculer :

**3.1)** les coefficients $\alpha$ et $h$.

**3.2)** le coefficient $\mu$ en déduire une relation entre $T_1$ et $T_2$

**4)** Le gaz considéré n'est pas un gaz parfait. Donc $\alpha$ n'obéit pas à l'expression en 3.1.

Montrer que la détente $(dP<0)$ s'accompagne d'un échauffement ou d'un refroidissement selon le signe de $\mu$ que l'on étudiera en fonction de $\alpha T$.

**5)** Si une mole du gaz considéré obéit à l'équation d'état : $\left(P+\dfrac{a}{V^2}\right)(V-b)=RT$ où a, b et R sont des constantes positives.

**5.1)** Calculer $\alpha$ en fonction de V et T.

**5.2)** En déduire, en fonction de V, l'expression de $T_i$ (la température d'inversion) pour laquelle $\mu$ change de signe

**5.3)** En utilisant les résultats de la question (4), montrer que si la détente est un refroidissement alors $T<T_i$. Que devient $T_i$ aux basses pressions ?(on admettra alors que $\dfrac{b}{V}<<1$).

**Exercice 4**

On considère un cylindre muni d'un piston de masse négligeable, tous les deux sont imperméables à la chaleur. Le frottement du piston est négligeable. On dispose sur le piston une masse $M$. L'ensemble est soumis à la pression atmosphérique $P_0$.

Initialement, un opérateur maintient le piston à une hauteur $h_0$ au-dessus du fond du cylindre; cet espace libre est rempli d'hélium à la température $T_0$ et à la pression $P_0$. L'hélium monoatomique, sera considéré comme un gaz parfait.

**1)** Dans une première expérience, l'opérateur fait descendre très lentement le piston dans le cylindre jusqu'à ce qu'il se trouve en équilibre sur la colonne d'hélium. Quelles sont, à la fin de l'expérience, la hauteur $h_1$ et la température $T_1$ de la colonne d'hélium? Calculer le travail $W_1$ reçu par le gaz.

**2)** Dans une seconde expérience, les conditions initiales étant les mêmes que précédemment, l'opérateur lâche brusquement le piston qui comprime le gaz et s'immobilise après quelques oscillations. Calculer la hauteur $h_1'$ et la température $T_1$ de la colonne d'hélium. Calculer le travail $W_1'$ reçu par le gaz et le comparer à $W_1$.

**Données:** section intérieur du cylindre $S=40cm^2$, $h_0=20cm$, $M=20kg$ *et* $T_0=273K$.

**Exercice 5**

La différentielle de la pression d'une mole d'un gaz réel est donnée par :

$$dP = \frac{R}{V-b}dT + \left(\frac{2a}{V^3} - \frac{RT}{(V-b)^2}\right)dV$$

avec $a = 0.13\ Jm^3mol^{-2}; b = 3.810^{-5}\ m^3mol^{-1}; R = 8.315\ J.K^{-1}.mol^{-1}$

**1)** Vérifier que $dP$ est une différentielle totale exacte

**2)** Déterminer l'équation d'état de ce gaz, on suppose que lorsque $P \to 0, V \to \infty$, alors $PV$ tend vers $RT$.

**3)** Exprimer en fonction de ces variables indépendants V et T :

- Coefficient de dilatation constante $\alpha$
- Coefficient d'augmentation de pression à volume constant $\beta$. En déduire le coefficient de compressibilité isotherme $\chi_T$.

**4)** Au cours d'une transformation réversible infiniment petite, donner l'expression de $dU$ de ce gaz.

On donne $\begin{cases} l = T\left(\dfrac{\partial P}{\partial T}\right)_V \\ \delta Q = C_{Vm}dT + ldV \end{cases}$

$C_{Vm}$ étant la chaleur molaire du gaz à volume constant.

**5)** Sachant que $dU$ est une différentielle totale exacte, montrer que la chaleur molaire à volume constant de ce gaz ne dépend que de la température.

**6)** L'expérience montre que la chaleur molaire à volume constant est donné, en $J.K^{-1}.mol^{-1}$, en fonction de la température absolue par la formule : $C_{Vm} = A + BT$, avec $A = 19.4\ JK^{-1}mol^{-1}; B = 2.9910^{-3}\ JK^{-2}mol^{-1}$

Ce gaz subit une compression de l'état $V_1 = 10$ litres, $T_1 = 273$ K à l'état $V_2 = 0.5$ litres, $T_2 = 400$ K.

Exprimer la variation de l'énergie interne $\Delta U$ au cours de cette compression en fonction de $V_1, V_2, T_1, T_2$, a, A et B. Calculer $\Delta U$.

**7)** Calculer le travail W d'une mole de ce gaz au cours d'une compression isotherme réversible de volume $V_1$ au volume $V_2$, la température restant égale à $T_1$.

Que vaudrait ce travail pour le gaz parfait associé. Conclusion.

**Exercice 6**

Un gaz parfait est contenu dans récipient cylindrique vertical limité par un piston de masse négligeable. Les parois du récipient et le piston sont athermanes (adiabatiques).

Dans l'état d'équilibre initial $E_1$, on a placé une masse m sur le piston. La pression du milieu extérieur reste constante et égale à $P_0$. L'état $E_1$ est caractérisé pour le gaz par les grandeurs

$V_0$, $T_0$ et $P_1 = P_0 + \frac{mg}{s}$ (s : la surface du piston)

On supposera $\gamma = \frac{C_{pm}}{C_{vm}} = \text{cons tan te}$, et pour les applications numériques, on prendra :

$\gamma = \frac{7}{5}$; $T_0 = 290\text{K}$; $R = 8.31\text{J.K}^{-1}.\text{mol}^{-1}$ et $n(\text{nombre de moles de gaz}) = 1$.

**1.** On supprime brusquement la masse m. on considérera que le piston peut se déplacer sans frottements, et que le nouvel état d'équilibre $E_2(P_f, V_f, T_f)$ est atteint grâce à des phénomènes dissipatifs internes au gaz.

**a.** Déterminer les caractéristiques de ce nouvel état d'équilibre $E_2$. On posera $x = \frac{P_1}{P_0}$.

Application numérique :

Calculer les valeurs des rapports $\frac{V_F}{V_0}$ et $\frac{T_F}{T_0}$. On a $x = 1.5$.

**b.** En déduire le travail reçu $W_{irr}$. Application numérique.

**2.** On revient au même état initial et on diminue la masse très progressivement jusqu'à l'annuler. Reprendre les questions **1.a** et **1.b**.

**3**. la masse m ayant été enlevée brusquement et le système ayant atteint son état d'équilibre $E_2$, puis on repose la masse m sur le piston. Déterminer les caractéristiques de ce nouveau état $E_1'$.

## Solution des exercices de la section III :

### Exercice 1 :

**1)** Calculons les travaux échangés :

$\delta W_{1,2} = -PdV$

$(1 \to 2)$ Transformation isobare : $P_1 = P_2 \Rightarrow W_{1,2} = -P_1 \int_{V_1}^{V_2} dV = -P_1(V_2 - V_1)$

$(2 \to 3)$ Transformation isochore $V_2 = V_3 \Rightarrow W_{2,3} = -\int_{V_2}^{V_3} PdV = 0$

$(3 \to 4)$ Transformation isobare $P_3 = P_4 \Rightarrow W_{3,4} = -P_2 \int_{V_3}^{V_4} dV = -P_2(V_4 - V_3)$

$(4 \to 1)$ transformation isochore $W_{4,1} = -\int_{V_4}^{V_1} PdV = 0$

Calculons les quantités de chaleurs échangées :

$(1 \to 2)$ Transformation isobare $\delta Q_{1,2} = C_{pm}dT$ car n=1 mole,

$Q_{1,2} = C_{pm} \int_{T_1}^{T_2} dT$, en remplaçant $C_{pm} = \frac{\gamma R}{\gamma - 1}$ et sachant que : $P_1V_1 = RT_1$ et $P_1V_2 = RT_2$ d'où :

$T_2 - T_1 = \frac{P_1}{R}(V_2 - V_1)$

ainsi $Q_{1,2} = \frac{\gamma P_1}{\gamma - 1}(V_2 - V_1)$

$(2 \to 3)$ transformation isochore $Q_{2,3} = C_{vm} \int_{T_2}^{T_3} dT$ sachant que $C_{vm} = \frac{R}{\gamma - 1}$

en utilisant les équations d'état : $P_2V_2 = RT_2$ et $P_3V_2 = RT_3 \Rightarrow T_3 - T_2 = \frac{V_2}{R}(P_2 - P_1)$

d'où : $Q_{2,3} = \frac{V_2}{\gamma - 1}(P_2 - P_1)$ (P2 et P1 selon la notation donné sur le diagramme).

$(3 \to 4)$ Transformation isobare, en utilise la même démarche que la première transformation, on trouve $Q_{3,4} = -\frac{\gamma P_2}{\gamma - 1}(V_2 - V_1)$

$(4 \to 1)$ transformation isochore $Q_{4,1} = C_{vm} \int_{T_4}^{T_1} dT = -\frac{V_1}{\gamma - 1}(P_2 - P_1)$ avec :

$T_1 - T_4 = -\frac{V_1}{R}(P_2 - P_1)$

**2)** Le travail total échangé avec le milieu extérieur :

$$W_T = W_{1,2} + W_{2.3} + W_{3,4} + W_{4,1}$$

$$= -P_1(V_2 - V_1) + P_2(V_2 - V_1) = (P_2 - P_1)(V_2 - V_1)$$

La quantité de chaleur totale échangée avec le milieu extérieur :

$$\begin{aligned}Q_T &= Q_{1,2} + Q_{2.3} + Q_{3,4} + Q_{4,1}\\ &= \frac{\gamma}{\gamma-1}P_1(V_2 - V_1) + \frac{1}{\gamma-1}V_2(P_2 - P_1) - \frac{\gamma}{\gamma-1}P_2(V_2 - V_1) - \frac{1}{\gamma-1}V_1(P_2 - P_1)\\ &= -(P_2 - P_1)(V_2 - V_1)\end{aligned}$$

On a : $W_T + Q_T = 0$ donc le premier principe de la thermodynamique est vérifié.

**Exercice 2**

**1)***L'état initial du gaz parfait est décrit par $(P_0, V_0, T_0)$ avec $P_0 = 10^5\,\text{Pa}$ et $V_0 = 14\,\ell = 14\times10^{-3}\,\text{m}^3$. Le nombre de moles du gaz est $n = 1$.

D'après l'équation d'état du gaz parfait, on a: $T_0 = \frac{P_0V_0}{R} = \frac{10^5\times14\times10^{-3}}{8.314} = 168.4\,\text{K}$.

La détente isobare se traduit par la transformation suivante :

$(P_0, V_0, T_0) \rightarrow (P_1 = P_0, V_1 = 2V_0, T_1)$

La température atteinte est donc: $T_1 = \frac{2P_0V_0}{R} = \frac{10^5\times28\times10^{-3}}{8.314} = 336.8\,\text{K}$. La compression isotherme s'effectue ainsi à la température $\boxed{T_1 = 336.8\,\text{K}}$.

* La compression isotherme est associée à la transformation suivante :

$(P_1 = P_0, V_1 = 2V_0, T_1) \rightarrow (P_2, V_2 = V_0, T_2 = T_1)$. La pression maximale atteinte lors de cette compression est : $P_2 = \frac{RT_2}{V_2} = \frac{RT_1}{V_0} = \frac{8.314\times336.8}{14\times10^{-3}} = 2\times10^5\,\text{Pa}$.

Comme le gaz subit ensuite un refroidissement isochore qui fait baisser sa pression, la pression maximale atteinte lors du cycle est donc : $P_2 = 2\times10^5\,\text{Pa}$.

* Représentation du cycle dans le diagramme de Clapeyron

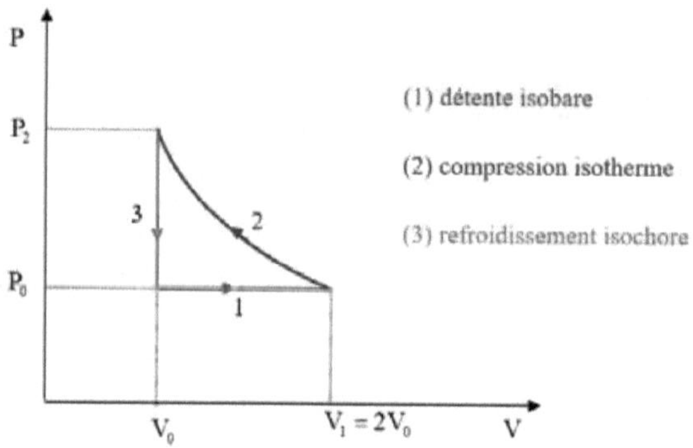


**2)** Le travail échangé au cours du cycle est égal à la somme des travaux échangés au cours de chaque transformation élémentaire : $W_{Cycle} = W_1 + W_2 + W_3$.

* Calcul de $W_1$ :

La transformation est isobare, donc $\delta W = -PdV = -P_0 dV$, et $W_1 = -\int_{V_0}^{V_1} P_0 dV = -P_0(V_1 - V_0) = -P_0 V_0 = -RT_0$. $\boxed{W_1 = -RT_0}$

* Calcul de $W_2$ :

La transformation est isotherme à la température $T_1$, donc $\delta W = -PdV = -\frac{RT_1}{V}dV$, et

$$W_2 = -\int_{V_1}^{V_0} PdV = -\int_{V_1}^{V_0} \frac{RT_1}{V}dV = -RT_1\int_{V_1}^{V_0} \frac{1}{V}dV = -RT_1 \ln\left(\frac{V_0}{V_1}\right) = RT_1 \ln(2). \boxed{W_2 = RT_1 \ln(2)}$$

* Calcul de $W_3$ :

La transformation est isochore, donc $dV = 0$, ce qui donne $\delta W = -PdV = 0$, d'où $W_3 = 0$.

Le travail total échangé lors du cycle est donc: $W_{Cycle} = -RT_0 + RT_1 \ln(2)$, soit

$\boxed{W_{Cycle} = R(T_1 \ln(2) - T_0)}$.

Application numérique : $W_{Cycle} = 540.8\,J$

**Exercice 3** :

**1)** Cette détente se fait :

*sans échange de chaleur Q=0(parois adiabatiques) ;

*avec échange du travail W tel que : $W = W_1 + W_2$

Calculons maintenant $W_1$ et $W_2$

Dans la partie 1 du tube on a :

$$W_1 = -P_1 \int_{V_1}^{0} dV = P_1V_1$$

Dans la partie 2 du tube on a

$$W_2 = -P_2 \int_{0}^{V_2} dV = -P_2V_2$$

Donc $W = P_1V_1 - P_2V_2$

Appliquons le 1er principe à cette détente :

$U_2 - U_1 = W = P_1V_1 - P_2V_2$

Soit : $U_2 + P_2V_2 = U_1 + P_1V_1$

Or $H = U + PV$, alors

$H_1 = U_1 + P_1V_1$ L'enthalpie dans la partie 1,

$H_2 = U_2 + P_2V_2$ l'enthalpie dans la partie 2

D'où $H_1 = H_2 = C^{te}$

La détente de Joule-Thomson se fait à enthalpie constante.

**2**) D'après la définition de l'enthalpies, on a :

dH=dU+d(PV)

mais selon le premier principe : $dU = \delta W + \delta Q$

avec : $\delta Q = C_{pm}dT + hdP$ et $\delta W = -PdV$

donc $dH = C_{pm}dT + hdP - PdV + PdV + VdP$

d'où : $dH = C_{pm}dT + (h + V)dP$

Pour une transformation de Joule-Thomson on écrit, d'après la question 1) que dH=0, soit :

$C_{pm}dT + (h + V)dP = 0$

Donc : $\mu = \dfrac{dT}{dP} = -\dfrac{h + V}{C_{pm}}$

Par définition, on a : $\begin{cases} \alpha = \dfrac{1}{V}\left(\dfrac{\partial V}{\partial T}\right)_P \\ h = -T\left(\dfrac{\partial V}{\partial T}\right)_P \end{cases}$

De ces deux relations, on obtient : $h = -\alpha VT$

D'où on obtient : $\mu = -\frac{V}{C_{pm}}(1-\alpha T)$

**3)** équation d'état du gaz parfait : $f(P,V,T) = PV - RT$ (une mole)

**3.1)** calcul de $\alpha$ :

$$\alpha = \frac{1}{V}\left(\frac{\partial V}{\partial T}\right)_P = \frac{1}{V}\left(-\frac{\frac{\partial f}{\partial T}}{\frac{\partial f}{\partial V}}\right) = \frac{R}{PV} = \frac{1}{T}$$

*Calcul de h :

On a : $h = -\alpha VT = -V$

**3.2)** on a : $\mu = -\frac{V}{C_{pm}}(1-\alpha T)$

Comme $\alpha = \frac{1}{T}$, on stipule que : $\mu = \frac{dT}{dP} = 0$ ce qui donne dT=0

Où bien $\Delta T = T_2 - T_1 = 0$

Ainsi : $T_2 = T_1$

La détente de Joule-Thomson pour un gaz se fait à température constante.

**4)**Si le gaz est quelconque, donc le coefficient $\mu$ s'exprime selon la relation suivante:

$$\mu = \frac{dT}{dP} = -\frac{V}{C_{pm}}(1-\alpha T)$$

Puisqu'il s'agit d'une détente $dP < 0$, alors :

*Si $\mu > 0$ c-à-d $\alpha T > 1$ alors dans ce cas $dT < 0$ c'est un refroidissement

*Si $\mu < 0$ c-à-d $\alpha T < 1$ alors dans ce cas $dT > 0$ c'est un échauffement.

**5)** Une mole de gaz d'équation d'état $\left(P + \frac{a}{V^2}\right)(V-b) = RT$

**5.1** calcul de $\alpha$ :

$$\alpha = \frac{1}{V}\left(\frac{\partial V}{\partial T}\right)_P = \frac{1}{V}\left(-\frac{\frac{\partial f}{\partial T}}{\frac{\partial f}{\partial V}}\right) = \frac{RV^2(V-b)}{RTV^3 - 2a(V-b)^2}$$

**5.2** Calculons premièrement l'expression de $\mu$

A partir de la question 2), nous avons démontré que $\mu = -\frac{V}{C_{pm}}(1-\alpha T)$

Comme tenu de l'expression de $\alpha$, $\mu$ peut s'écrire :

$$\mu = \frac{V}{C_{pm}}\left(\frac{RTV^2(V-b)}{RTV^3 - 2a(V-b)^2} - 1\right)$$

La température d'inversion $T_i$ est obtenue lorsque $\mu = 0$ c'est-à-dire :

$$\frac{RT_iV^2(V-b)}{RT_iV^3 - 2a(V-b)^2} - 1 = 0$$

Soit $T_i = \dfrac{2a(V-b)^2}{RV^2b}$

**5.3** Nous avons vu que si $\alpha T > 1$, on a un refroidissement.

En remplaçant $\alpha$ par son expression, on obtient :

$$\frac{RTV^2(V-b)}{RTV^3 - 2a(V-b)^2} > 1$$

Soit $T < \dfrac{2a(V-b)^2}{RV^2b} = T_i$

Si $b \ll V$, alors on néglige b devant V et on trouve finalement :

$$T_i = \frac{2a}{Rb} = Cte$$

**Exercice 4**

**1)** * L'équation d'équilibre du piston exprimée suivant la direction verticale (direction du champ de pesanteur) s'écrit : $P_0S\vec{e}_z + Mg\vec{e}_z - P_1S\vec{e}_z = \vec{0}$ où $\vec{e}_z$ est le vecteur unitaire de la direction verticale dirigé vers le bas et $g$ l'accélération de pesanteur. D'où $\boxed{P_1 = P_0 + \frac{Mg}{S}}$.

* Le gaz est parfait et la transformation est adiabatique réversible, la loi de Laplace s'applique. En choisissant le couple de variables thermodynamiques $(P, V)$, il vient :

$P_0V_0^\gamma = P_1V_1^\gamma$ où $\gamma = \frac{5}{3} = 1.667$.

En substituant l'expression de la pression $P_1$ établie ci-dessus dans cette dernière équation, on obtient : $V_1 = V_0\left(\dfrac{P_0}{P_0 + \frac{Mg}{S}}\right)^{\frac{1}{\gamma}}$. D'où l'on tire, sachant que $V_0 = Sh_0$ et $V_1 = Sh_1$, que

$\boxed{h_1 = h_0\left(\dfrac{P_0}{P_0 + \frac{Mg}{S}}\right)^{\frac{1}{\gamma}}}$. A.N. : $\boxed{P_1 = 1.5\times10^5\,Pa}$, $\boxed{h_1 = 0.157\,m}$.

* Pour le calcul de la température $T_1$, écrivons la loi d'état des gaz parfaits aux états initial et final. On a : $P_0V_0 = nRT_0$ et $P_1V_1 = nRT_1$. D'où $T_1 = T_0\frac{P_1V_1}{P_0V_0} =$, soit $\boxed{T_1 = T_0\frac{P_1h_1}{P_0h_0}}$.

A.N. : $\boxed{T_1 = 321K}$.

* La transformation est adiabatique, l'application du premier principe de la thermodynamique donne alors: $\Delta U = U_1 - U_0 = W_1 + Q_1 = W_1$. Le gaz est parfait, il obéit donc à la première loi de Joule, d'où $W_1 = nC_{Vm}(T_1 - T_0) = \frac{nR}{\gamma-1}(T_1 - T_0)$. Mais $n = \frac{P_0V_0}{RT_0}$, donc $\boxed{W_1 = \frac{P_0V_0}{\gamma-1}\left(\frac{T_1}{T_0} - 1\right)}$. A.N. : $\boxed{W_1 = 21.1J}$.

**2)** *La pression extérieure appliquée au gaz contenu dans le cylindre est : $\boxed{P_{ext} = P_0 + \frac{Mg}{S}}$. Elle demeure constante durant la transformation adiabatique car ni $P_0$, ni $M$ changent.

* Le calcul du travail échangé par le système gaz avec l'extérieur durant cette transformation irréversible se fait par intégration du travail élémentaire échangé, soit : $W_1' = \int_{V_0}^{V_1'} \delta W = -\int_{V_0}^{V_1'} P_{ext}\delta V = -P_{ext}(V_1' - V_0)$. D'où il vient, en remplaçant les volumes par leurs expressions en fonction des hauteurs, que : $\boxed{W_1' = -P_{ext}S(h_1' - h_0)}$.

* Une autre expression du travail échangé peut être obtenue par application du premier principe de la thermodynamique (qui est valable quelle que soit la transformation réversible ou irréversible). Comme le gaz est parfait et qu'il suit donc la première loi de Joule, il vient : $\boxed{W_1' = \Delta U' = \frac{P_0V_0}{\gamma-1}\left(\frac{T_1'}{T_0} - 1\right)}$.

*Les deux égressions différentes du travail échangé et la loi d'état des gaz parfait fournissent un système de deux équations à deux inconnues. Ainsi, en substituant le rapport des températures déterminé à partir de la loi d'état, on obtient pour la deuxième expression du travail $W_1' = \frac{P_0V_0}{\gamma-1}\left(\frac{P_1'V_1'}{P_0V_0} - 1\right) = \frac{P_0Sh_0}{\gamma-1}\left(\frac{P_1'h_1'}{P_0h_0} - 1\right)$ avec à l'équilibre $P_1' = P_{ext} = P_1$. D'où l'équation en $h_1'$ suivante : $\frac{P_0Sh_0}{\gamma-1}\left(\frac{P_1h_1'}{P_0h_0} - 1\right) = -P_1S(h_1' - h_0)$. Le calcul de la solution de cette équation linéaire de premier degré en $h_1'$ donne : $\boxed{h_1' = \left(\frac{P_0 + P_1(\gamma-1)}{P_1\gamma}\right)h_0}$.

A.N. : $\boxed{h_1'=0.160\text{m}}$.

* Le calcul de la température donne $\boxed{T_1'=T_0\dfrac{P_1h_1'}{P_0h_0}}$. A.N. : $\boxed{T_1'=328\text{K}}$.

* Le calcul du travail donne : $\boxed{W_1'=24.0\text{J}}$.

**Remarque :** La nature de la transformation influence l'état final et l'échange avec le milieu extérieur. L'irréversibilité a limité la hauteur de compression de la colonne de gaz dans le cylindre. Ainsi, plutôt que le piston descende jusqu'à une profondeur de $0.157\text{m}$, il est resté plus haut à la profondeur $0.160\text{m}$ et pour ce faire le système a consommé plus d'énergie car $W_1'>W_1$ en s'échauffant davantage. Nous avons ici une manifestation de l'effet des irréversibilités : performances réduites, surconsommation d'énergie et sur échauffement.

**Exercice 5**

**1)** On a : $\begin{cases} dP=\dfrac{R}{V-b}dT+\left(\dfrac{2a}{V^3}-\dfrac{RT}{(V-b)^2}\right)dV \\ dP=\left(\dfrac{\partial P}{\partial T}\right)_V dT+\left(\dfrac{\partial P}{\partial V}\right)_T dV \end{cases}$

dP est une différentielle totale exacte si et seulement si : $\dfrac{\partial^2 P}{\partial T\partial V}=\dfrac{\partial^2 P}{\partial V\partial T}$

avec $\left(\dfrac{\partial P}{\partial T}\right)_V=\dfrac{R}{V-b}$ et $\left(\dfrac{\partial P}{\partial V}\right)_T=\dfrac{2a}{V^3}-\dfrac{RT}{(V-b)^2}$

calculons maintenant : $\dfrac{\partial^2 P}{\partial T\partial V}$ et $\dfrac{\partial^2 P}{\partial V\partial T}$

$$\frac{\partial^2 P}{\partial V\partial T}=\frac{\partial}{\partial V}\left(\frac{\partial P}{\partial T}\right)=\frac{\partial}{\partial V}\left(\frac{R}{V-b}\right)=-\frac{R}{(V-b)^2}$$

$$\frac{\partial^2 P}{\partial T\partial V}=\frac{\partial}{\partial T}\left(\frac{\partial P}{\partial V}\right)=\frac{\partial}{\partial T}\left(\frac{2a}{V^3}-\frac{RT}{(V-b)^2}\right)=-\frac{R}{(V-b)^2}$$

D'où : $\dfrac{\partial^2 P}{\partial T\partial V}=\dfrac{\partial^2 P}{\partial V\partial T}$

Donc dP est une fonction différentielle totale exacte.

**2)** A volume constant on a : $\left(\dfrac{\partial P}{\partial T}\right)_V=\dfrac{R}{V-b}$

En intégrant P par rapport à T, à V constant, on obtient : $P=\dfrac{R}{V-b}T+f(V)$ (1)

Sachant que $\left(\frac{\partial P}{\partial V}\right)_T = \frac{2a}{V^3} - \frac{RT}{(V-b)^2}$ (2)

Dérivons (1) par rapport à V : $\left(\frac{\partial P}{\partial V}\right)_T = -\frac{RT}{(V-b)^2} + \frac{df}{dV}$ (3)

De (2) et (3), il vient que : $\frac{df}{dV} = \frac{2a}{V^3}$ soit $df = \frac{2a}{V^3}dV$

Donc $f(V) = -\frac{a}{V^2} + cte$

Quand $P \to 0, V \to \infty$ alors on a $PV \to RT$ ce qui fait tendre la constante d'intégration vers 0.

D'où : $P = \frac{R}{V-b}T - \frac{a}{V^2}$

**3)** Coefficient de dilatation isobare : $\alpha = \frac{1}{V}\left(\frac{\partial V}{\partial T}\right)_P$

On a : $dP = \frac{R}{V-b}dT + \left(\frac{2a}{V^3} - \frac{RT}{(V-b)^2}\right)dV$

A pression constante $dP = 0 \quad \Leftrightarrow \quad \frac{R}{V-b}dT + \left(\frac{2a}{V^3} - \frac{RT}{(V-b)^2}\right)dV = 0$

Donc : $\frac{dV}{dT} = \frac{\frac{R}{V-b}}{-\frac{2a}{V^3} + \frac{RT}{(V-b)^2}} = \frac{RV^3(V-b)}{RTV^3 - 2a(V-b)^2} = \left(\frac{\partial V}{\partial T}\right)_P$

D'où $\alpha = \frac{1}{V}\left(\frac{\partial V}{\partial T}\right)_P = \frac{RV^2(V-b)}{RTV^3 - 2a(V-b)^2}$

*coefficient de compression isochore : $\beta = \frac{1}{P}\left(\frac{\partial P}{\partial T}\right)_V$

Comme $P = \frac{R}{V-b}T - \frac{a}{V^2}$ et $\left(\frac{\partial P}{\partial T}\right)_V = \frac{R}{V-b}$

On stipule que : $\beta = \frac{RV^2}{RTV^2 - a(V-b)}$

*Coefficient de compressibilité isotherme : $\chi = -\frac{1}{V}\left(\frac{\partial V}{\partial P}\right)_T$

En utilisant l'identité de REECH vu dans le cours, on a : $\alpha = \beta\chi T$ alors $\chi = \frac{\alpha}{\beta P}$

D'où : $\chi = \dfrac{V^2(V-b)^2}{RTV^3 - 2a(V-b)^2}$

**4**) Le premier principe : $dU = \delta W + \delta Q$

Avec : $\delta Q = C_{Vm}dT + ldV$ et $\delta W = -PdV$

Donc $dU = C_{Vm}dT + (l-P)dV$

Or $l = T\left(\dfrac{\partial P}{\partial T}\right)_V$ et $\left(\dfrac{\partial P}{\partial T}\right)_V = \dfrac{R}{V-b}$

Soit : $l = \dfrac{RT}{V-b} = P + \dfrac{a}{V^2}$

D'où $dU = C_{Vm}dT + \dfrac{a}{V^2}dV$

5) $dU = \left(\dfrac{\partial U}{\partial T}\right)_V dT + \left(\dfrac{\partial U}{\partial V}\right)_T dV$

Avec $\left(\dfrac{\partial U}{\partial T}\right)_V = C_{Vm}$ et $\left(\dfrac{\partial U}{\partial V}\right)_T = \dfrac{a}{V^2}$

$dU$ est une différentielle totale exacte, alors : $\dfrac{\partial^2 U}{\partial T \partial V} = \dfrac{\partial^2 U}{\partial V \partial T}$

soit $\dfrac{\partial}{\partial V}(C_{Vm})_T = \left(\dfrac{\partial\left(\dfrac{a}{V^2}\right)}{\partial T}\right) = 0 \Rightarrow C_{Vm}$ ne dépend que de la température.

**6)** On a : $C_{Vm} = A + BT$

En remplaçant cette dernière relation dans l'expression de $dU$ déterminée dans la question 4),

on aboutit à : $dU = (A+BT)dT + \dfrac{a}{V^2}dV$

Intégrant cette expression entre l'état 1 et l'état 2 :

$$U_2 - U_1 = \Delta U = \int_{T_1}^{T_2}(A+BT)dT + \int_{V_1}^{V_2}\frac{a}{V^2}dV$$

D'où : $U_2 - U_1 = \Delta U = A(T_2 - T_1) + \dfrac{B}{2}(T_2^2 - T_1^2) - a\left(\dfrac{1}{V_2} - \dfrac{1}{V_1}\right)$.

A.N : $\Delta U = 2344.58\ J$

**7)** Le travail d'une compression isotherme $T = T_1$

$\delta W = -PdV$

Mais $P = \frac{RT_1}{V-b} - \frac{a}{V^2}$

En remplaçant : $\delta W = -RT_1 \frac{dV}{V-b} + a\frac{dV}{V^2}$

D'où : $W = -RT_1 \log\frac{V_2 - b}{V_1 - b} - a\left(\frac{1}{V_2} - \frac{1}{V_1}\right)$

A.N : $W = 6728.27$ J

Pour le gaz parfait associé, $a \to 0, b << V$

Donc : $W' = -RT_1 \log\frac{V_2}{V_1}$

A.N : $W' = 6840.38$ J

Conclusion : dans les conditions de l'exercice, on constate que les corrections apportées par le modèle de VAN DER WAALS sont faibles. On peut traiter le gaz comme un gaz parfait.

**Exercice 6 :**

**1-a.** L'état d'équilibre final $E_2$ doit se traduire (équilibre mécanique) par l'égalité des pressions du gaz et du milieu extérieur $P_F = P_0$ (piston sans masse). D'autre part, appliquons le premier principe au gaz contenu dans le cylindre :

$U_2 - U_1 = W_{ext} + Q$ avec $E_1(P_1, V_0, T_0) \Rightarrow E_2(P_0, V_f, T_f)$

Il n'y a pas d'échange d'énergie thermique avec l'extérieur (parois et piston adiabatiques $\Rightarrow Q = 0$) ; le travail fourni au système s'exprime simplement à partir de la pression extérieur $P_0$ et de la variation de volume du gaz : $W_{ext} = -P_0(V_F - V_0)$

On a donc : $U_2 - U_1 = -P_0(V_F - V_0)$ (1)

Avec $U_2 - U_1 = nC_{Vm}(T_F - T_0)$, le gaz étant supposé parfait et de coefficient : $\gamma = \frac{C_{Pm}}{C_{Vm}}$, indépendant de la température (on a alors $C_{Vm} = \frac{R}{\gamma - 1}$ et $C_{Pm} = \frac{\gamma R}{\gamma - 1}$)

La relation (1) devient : $\frac{nR}{\gamma - 1}(T_F - T_0) = -P_0(V_F - V_0)$

Soit encore : $\frac{nRT_0}{\gamma - 1}\left(\frac{T_F}{T_0} - 1\right) = -P_0 V_0\left(\frac{V_F}{V_0} - 1\right)$ (2)

La loi des gaz parfaits s'écrit : $\frac{P_0 V_F}{T_F} = \frac{P_1 V_0}{T_0} = nR$ (3)

D'où en remplaçant –dans (2)- $nRT_0$ par $P_1 V_0$ :

$$\frac{1}{\gamma-1}\frac{P_1}{P_0}\left(\frac{T_F}{T_0}-1\right)=-\left(\frac{V_F}{V_0}-1\right)$$

Enfin, en remarquant, d'après (3), que $\frac{T_F}{T_0}=\frac{P_0V_F}{P_1V_0}=\frac{V_F}{V_0}\frac{1}{x}$ :

$$\frac{x}{\gamma-1}\left(\frac{1}{x}\frac{V_F}{V_0}-1\right)=-\left(\frac{V_F}{V_0}-1\right)$$

En regroupant les termes, il vient alors : $\frac{V_F}{V_0}=\frac{\gamma-1+x}{\gamma}$

D'où : $\frac{T_F}{T_0}=\frac{\gamma-1+x}{\gamma x}$

A.N : $\frac{V_F}{V_0}=1.36$ et $\frac{T_F}{T_0}=0.90\left(\text{soit } T_F=262\text{ K}\right)$

**1-b.** L'expression du travail reçu par le gaz s'identifie à $W_{ext}$ :

$$W_{irr}=W_{ext}=-P_0\left(V_F-V_0\right)=-P_0V_0\left(\frac{V_F}{V_0}-1\right)$$

Soit $W_{irr}=-\frac{P_0}{P_1}(P_1V_0)\left(\frac{V_F}{V_0}-1\right)$

En remplaçant $\frac{P_1}{P_0}$ et $\frac{V_F}{V_0}$ par le résultat établi au 1.a, il vient :

$$W_{irr}=-\frac{P_1V_0}{x}\left(\frac{\gamma-1+x}{\gamma}-1\right)\Rightarrow W_{irr}=-nRT_0\left(\frac{x-1}{\gamma x}\right) \qquad (4)$$

A.N : $W_{irr}=-574\text{ J}$

**2)** La transformation envisagée est désormais adiabatique et réversible, c'est-à-dire isentropique. Le système atteint un état d'équilibre $E_2^{'}\left(P_F^{'},V_F^{'},T_F^{'}\right)$ défini par :

* $P_F^{'}=P_0$ (équilibre mécanique),

* $P_F^{'}V_F^{'\gamma}=P_1V_0^{\gamma}$ (loi de Laplace),

* $\frac{P_F^{'}V_F^{'}}{T_F^{'}}=\frac{P_1V_0}{T_0}=nR$ (loi des gaz parfaits)

$$\text{D'où : } \frac{V_F^{'}}{V_0}=\left(\frac{P_1}{P_F^{'}}\right)^{\frac{1}{\gamma}}=\left(\frac{P_1}{P_0}\right)^{\frac{1}{\gamma}}=x^{\frac{1}{\gamma}} \qquad (5)$$

$$\text{Soit : } \frac{T_F^{'}}{T_0}=\left(\frac{P_F^{'}}{P_1}\right)\left(\frac{V_F^{'}}{V_0}\right)=\frac{1}{x}\left(\frac{V_F^{'}}{V_0}\right)=x^{\frac{1}{\gamma}-1} \qquad (6)$$

A.N : $\frac{V_F^{'}}{V_0} = 1.34$ et $\frac{T_F^{'}}{T_0} = 0.89$

Le travail reçu s'écrit : $W_{rev} = \Delta U = nC_{Vm}\left(T_F^{'} - T_0\right)$

Or $C_{Vm} = \frac{R}{\gamma - 1}$ et $\frac{T_F^{'}}{T_0} = x^{\frac{1-\gamma}{\gamma}} \Rightarrow W_{rev} = \frac{nRT_0}{\gamma - 1}\left[x^{\frac{1-\gamma}{\gamma}} - 1\right]$ (7)

Application numérique : $W_{rev} = -659 \text{ J}$

**3)** Pour déterminer l'état d'équilibre $E_1^{'}$, il suffit de remarquer que le passage $E_2(P_0, V_F, T_F) \rightarrow E_1^{'}\left(P_1, V_F^{''}, T_F^{''}\right)$ s'obtient de la même façon que celui $E_1(P_1, V_0, T_0) \rightarrow E_2(P_0, V_F, T_F)$. Il suffit en fait de faire :

$P_0 \rightarrow P_1$ soit $x \rightarrow \frac{1}{x}$

$(V_0, V_F) \rightarrow \left(V_F, V_F^{''}\right)$ et $(T_0, T_F) \rightarrow \left(T_F, T_F^{''}\right)$

D'où d'après les résultats de 1.a et 1.b, on aboutit à :

$$\frac{V_F^{''}}{V_F} = \frac{\gamma - 1 + \frac{1}{x}}{\gamma} \Rightarrow \frac{V_F^{''}}{V_F} = \frac{(\gamma - 1)x + 1}{\gamma x} \quad (8)$$

$$\frac{T_F^{''}}{T_F} = \frac{\gamma - 1 + \frac{1}{x}}{\gamma \frac{1}{x}} \Rightarrow \frac{T_F^{''}}{T_F} = \frac{(\gamma - 1)x + 1}{\gamma} \quad (9)$$

De plus $W_{irr}(2 \rightarrow 1') = -(P_1 V_F)\left(\frac{V_F^{''}}{V_F} - 1\right)$

Avec $P_1 V_F = \frac{P_1}{P_0}(P_0 V_F) = xnRT_F \Rightarrow W_{irr}(2 \rightarrow 1') = -xnRT_F\left(\frac{V_F^{''}}{V_F} - 1\right)$

Ce qui donne en utilisant (2) et (8) : $W_{irr}(2 \rightarrow 1') = -nRT_0 \frac{(1-x)}{\gamma^2 x}(\gamma - 1 + x)$

Application numérique :

$\frac{V_F^{''}}{V_F} = 0.76$; $\frac{T_F^{''}}{T_F} = 1.14$ et $W_{irr}(2 \rightarrow 1') = 779 \text{ J}$

## Section IV :2ème principe de la thermodynamique et ses applications

**Exercice 1 :**
On considère un moteur à combustion interne fonctionnant suivant le cycle de Diesel:
* aspiration de l'air à pression constante $P_1$ ;
* ***1-2*** : compression adiabatique caractérisée par le rapport volumétrique $a = V_1/V_2$ ;
* ***2-3*** : injection du carburant finement pulvérisé dans l'air comprimé et chaud, provoquant son inflammation, la combustion se produit à pression sensiblement constante, on désigne par $c = V_3/V_2$ le rapport volumétrique d'injection;
* ***3-4*** : détente adiabatique des gaz ;
* ***4-1*** : ouverture de la soupape d'échappement, ramenant instantanément la pression à $P_1$, puis refoulement des gaz à pression constante.
Toutes les transformations seront supposées réversibles. La quantité de carburant injectée est faible devant la quantité d'air aspiré, et la combustion s'effectue avec un excès d'air; on considérera donc que le nombre de moles total n'est pas modifié par la combustion.
Le moteur étudié est un moteur de traction ferroviaire comportant 12 cylindres ayant chacun un volume maximal de $4.5\ell$. La vitesse de rotation du vilebrequin est de $1200\,tr.mn^{-1}$. On assimilera les gaz à des gaz parfaits avec $C_{Pm} = 30J.K^{-1}.mol^{-1}$ et on prendra $R = 8.315J.K^{-1}.mol^{-1}$.

**1)** L'air est admis dans les cylindres à la pression $P_1 = 1bar$ et à $\theta_1 = 47°C$. Calculer $P_2$ et $T_2$ en fin de compression sachant que $a = 13$. Le carburant utilisé est un gazole de pouvoir calorifique moyen de $p = 38\times10^6\,J.\ell^{-1}$ et dont la combustion complète nécessite $460mol$ d'air par litre de gazole. L'injection étant réglée de façon qu'il y ait le double de l'air nécessaire à la combustion complète, calculer :
**1.a** le nombre total de moles de l'air et en déduire le volume de gazole injecté par cycle ;
**1.b** la quantité de chaleur dégagée par la combustion et en déduire la température $T_3$ en fin de combustion;
**1.c** le rapport volumétrique d'injection.
**2)** Calculer la pression $P_4$ et la température $T_4$ en fin de détente.
**3)** Calculer la quantité de chaleur cédée par les gaz au cours de l'échappement. En déduire le travail fourni par le moteur et le rendement thermique.
**4)** Calculer la puissance fournie par le moteur en cheval $(ch)$ $(1ch = 736W)$ ainsi que la consommation spécifique de gazole en $\ell/(kWh)$.

**Exercice 2 :**
Un réfrigérateur décrit un cycle de Joule idéalisé (deux adiabatiques et deux isobares) utilisant comme agent thermique un fluide frigorigène assimilé à un gaz parfait de rapport $\gamma = 1.4$.
**1.** Etablir la relation entre les températures des points remarquables de ce cycle.

**2.** En déduire l'efficacité de ce réfrigérateur en fonction des températures $T_A$ et $T_B$, la comparer à celle d'un réfrigérateur idéal (cycle de Carnot) fonctionnant entre les températures extrêmes $T_A$ et $T_C$.

**3.** Ce réfrigérateur est un réfrigérateur domestique dont l'efficacité réelle est, en raison des irréversibilités inévitables, égale à 60% de celle évaluée en 2).

**3.a** Calculer la consommation électrique nécessaire à son compresseur pour extraire 1kcal, on donne $P_B = 3P_A$.

**3.b** Quelle est la quantité de chaleur extraite par jour lorsque sa puissance est de 200W ?

**Exercice 3 :**

On considère un gaz parfait diatomique ( $C_{Pm} = 7/2\,R$ ) qui subit les transformations suivantes:

- Compression isotherme : $(P_1, T_1, V_1) \rightarrow (P_2, V_2, T_2 = T_1)$,
- Transformation isobare : $(P_2, T_1, V_2) \rightarrow (P_2, V_3, T_3 > T_1)$,
- Détente isotherme : $(P_2, T_3, V_3) \rightarrow (P_1, V_4, T_3)$,
- Transformation isobare : $(P_1, T_3, V_4) \rightarrow (P_1, V_1, T_1)$

**1.** Représentez le cycle dans un diagramme de Clapeyron.

**2.** Ce cycle est-il moteur ou récepteur ? Justifiez la réponse.

**3.** Donnez l'expression du rendement ou de l'efficacité de la machine et calculez-le en fonction de $P_1, P_2, T_1$ et $T_3$.

**Exercice 4 :**

Une mole de gaz parfait subit les transformations réversibles suivantes :

Etat (1) ⟶ état (2) Compression adiabatique

état (2) ⟶ état (3) Dilatation à pression constante

état (3) ⟶ état (4) Détente adiabatique

état (4) ⟶ état (1) Refroidissement à volume constant

Chaque état est défini par la pression $P_i$, la température $T_i$ et le volume $V_i$ (i variant de 1 à 4).

On définit $a = \frac{V_1}{V_2}$ et $b = \frac{V_4}{V_3}$. On appelle $\gamma$ le rapport des chaleurs molaires $\gamma = \frac{C_{pm}}{C_{vm}}$

**1.** Représenter le cycle sur un diagramme de Clapeyron. Donner les expressions de la pression, de volume et de la température pour les états (2), (3) et (4) en fonction de $P_1, V_1, T_1$, a et b. Calculer numériquement ces valeurs.

**2.** Calculer les travaux et chaleurs échangés pour toutes les transformations subies. Préciser notamment le sens des échanges.

**3.** Proposer une expression pour le rendement $\eta$ d'un moteur qui fonctionne suivant ce cycle, en fonction des travaux et chaleurs échangés.

**4.** Donner l'expression du rendement $\eta$ en fonction de $\gamma$, a et b. Calculer $\eta$ et vérifier la valeur trouvée.

Données numériques : $\gamma = 1.4, a = 9, b = 3$.

$P_1 = 10^5$ Pa, $T_1 = 300$ K, $R = 8.315$ J.K$^{-1}$.mol$^{-1}$, $C_{vm} = 20.8$ J.K$^{-1}$.mol$^{-1}$

**Exercice 5 :**

On considère une machine ditherme fonctionnant entre deux sources de chaleur de températures respectives $T_1 = 300K$ et $T_2 = 280K$. Le fluide de cette machine, assimilé à un gaz parfait de n moles et de constante $\gamma$, décrit un cercle ditherme composé de transformations réversibles suivantes :

A→ B : Compression adiabatique de $V_A$ à $V_B$.

B→C : Compression isotherme de $V_B$ à $V_C$.

C →D : Détente adiabatique de $V_C$ à $V_D$

D→A : Détente isotherme de $V_D$ à $V_A (V_A > V_D)$.

**1- a.** Représenter ce cycle dans le diagramme de Clapeyron.

**1-b.** Qu'appelle-t-on ce cycle ?

**1-c.** Que représente l'aire du cycle dans le diagramme de Clapeyron $(P,V)$.

**1-d.** En déduire la nature de ce cycle ditherme.

**2- a.** Déterminer les expressions des travaux échangés lors de ces transformations en fonction de $T_1, T_2, V_A, V_B, V_C$ et $V_D$.

**2-b.** En déduire le travail total *W* échangé par le système lors du cycle. Application numérique.

**3- a.** Déterminer les quantités de chaleur échangées lors de chacune de ces transformations. On notera $Q_1$ et $Q_2$ les quantités de chaleur échangées par le système respectivement avec les sources de températures $T_1$ et $T_2$.

**3-b.** Retrouver l'expression du travail *W* de la question **2- b).**

**4- a.** Déterminer la variation d'entropie du système pour chacune des transformations du cycle.

**4-b.** En déduire la variation d'entropie $\Delta S$ du cycle,

**5- a.** Exprimer le rapport $\frac{\text{Dépense}}{\text{gain}}$ de cette machine en fonction de $Q_1$ et $Q_2$. Etudier les cas possibles.

**5-b.** En utilisant la relation de Clausius exprimer ce rapport en fonction de $T_1$ et $T_2$. Application numérique.

**6- a.** Déterminer les variations d'entropie $\Delta S_1$ et $\Delta S_2$ des sources de chaleur de températures respectivement $T_1$ et $T_2$.

**6-b.** Calculer la variation d'entropie totale $\Delta S_T = \Delta S_{\text{système}} + \Delta S_1 + \Delta S_2$. Conclusion

7- On suppose que la transformation BC est irréversible. Quelle est l'expression de la variation d'entropie $\Delta S_{BC}$ ?

**On donne** : $n=1$, $R=8.31\ J.mol^{-1}.K^{-1}$; $\gamma=1.4$

**Exercice 6 :**

On désire refroidir une mole de gaz parfait diatomique en lui faisant subir une suite de compressions isothermes suivies de détentes adiabatiques. Ce gaz est contenu dans un cylindre fermé par un piston glissant sans frottement. Initialement, le gaz est à la température $T_0 = 300K$ et sa pression est $P_0 = 1atm$ .

1. Dans une première opération on comprime le gaz de manière isotherme réversible jusqu'à la pression $P_1 = 3atm$, puis on le détend de manière adiabatique réversible jusqu'à $P_0$.

**1.1** Quelle est la température $T_1$ en fin d'évolution adiabatique?

**1.2** Calculer la quantité de chaleur $Q_{i1}$ et le travail $W_{i1}$ mis en jeu au cours de l'évolution isotherme, ainsi que le travail $W_{a1}$ mis en jeu au cours de l'évolution adiabatique.

**1.3** En déduire le travail total $W_1$ reçu par le gaz au cours de cette première opération.

**1.4** Calculer la variation d'entropie $\Delta S_1$, au cours de cette première opération.

**2.** Le gaz étant dans l'état $T_1, P_0$ on recommence la même opération (compression isotherme réversible jusqu'à $P_1 = 3atm$, puis détente adiabatique réversible jusqu'à $P_0$).

**2.1** Donner l'expression de la température $T_N$ obtenue à la fin de la $N^{ième}$ opération.

**2.2** Pour quelle valeur de N le gaz atteint-il une température $T_N$ inférieure ou égale à 100K ?

**2.3** Calculer la variation d'entropie $\Delta S_N$ après N opérations.

## Solution des exercices de la section III :

### Exercice 1 :

Le diagramme de Clapeyron du cycle Diesel admet la forme suivante :

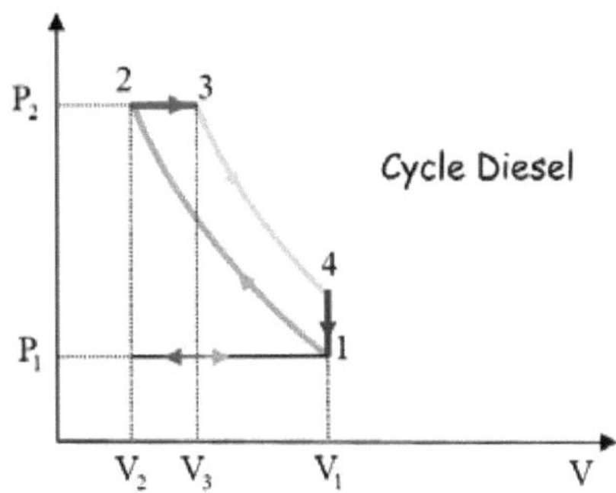


La transformation $1 \rightarrow 2$ est adiabatique réversible pour un système gaz parfait, on peut donc lui appliquer la loi de Laplace : $P_2V_2^\gamma = P_1V_1^\gamma$. D'où $\boxed{P_2 = P_1a^\gamma}$. De même la loi de Laplace avec le couple des variables thermodynamiques $(T,V)$ permet d'écrire : $T_2V_2^{\gamma-1} = T_1V_1^{\gamma-1}$, d'où $\boxed{T_2 = T_1a^{\gamma-1}}$.

Le calcul de la constante adiabatique peut être fait à partir de la valeur de la chaleur spécifique molaire à pression constante qui est une donnée. On obtient ainsi à partir de la loi de Mayer : $C_{Vm} = C_{Pm} - R = 21.68\ J.mol^{-1}.K^{-1}$ et par suite $\gamma = C_{Pm}/C_{Vm}$, soit $\boxed{\gamma = 1.38}$ (valeur qui est proche de celle d'un gaz diatomique qui vaut 1.4).

On peut par conséquent calculer $P_2$ et $T_2$ : $\boxed{P_2 = 34.8 \times 10^5\, Pa}$ et $\boxed{T_2 = 857\, K}$.

**1.a** *Le volume d'air maximal durant un cycle est égal au volume $V_1$, comme le montre le diagramme de Clapeyron. Ce volume correspond à $V_1 = 12 \times 4.5 \times 10^{-3} = 54 \times 10^{-3}\, m^3$. Il suffit maintenant d'appliquer la loi d'état des gaz parfait pour obtenir le nombre de moles sous la forme : $n = \dfrac{P_1V_1}{RT_1}$. A.N.: $\boxed{n = 2.028\ mol}$.

*Pour calculer le volume de gazole, il suffit d'appliquer les proportions stœchiométriques : $460 mol \rightarrow 1\ell$ et $n/2 \rightarrow v_g$. La deuxième correspondance s'explique par le fait que seule la moitié de l'air est consommée par la réaction chimique. D'où l'on tire que : $\boxed{v_g = 2.2 \times 10^{-6}\, m^3}$, soit $\boxed{v_g = 2.2\, cm^3}$.

**1.b** La quantité de chaleur dégagée par la combustion est conditionnée par le pouvoir calorifique. Ainsi $\boxed{Q_{23} = P_c v_g}$ où $P_c = 38 \times 10^6\, kJ.\ell^{-1}$. D'où $\boxed{Q_{23} = 83.6 \times 10^3\, J}$.

Cette quantité de chaleur est absorbée par l'air à pression constante durant la phase de la combustion $2\to3$. D'où : $Q_{23}=\Delta H=nC_{Pm}(T_3-T_2)$. Ce qui donne $T_3=T_2+\dfrac{Q_{23}}{nC_{Pm}}$.

A.N. : $\boxed{T_3=2231K}$.

**1.c** Le rapport d'injection s'écrit: $c=V_3/V_2$. Durant la transformation isobare $2\to3$ la pression est constante $(P_3=P_2)$ et la loi des gaz parfaits appliquée aux états 2 et 3 permet d'écrire: $P_2V_2=nRT_2$ et $P_3V_3=nRT_3$. D'où l'on tire en faisant le rapport de ces deux expressions que: $V_3/V_2=T_3/T_2$, et par suite: $\boxed{c=T_3/T_2}$. A.N.: $\boxed{c=2.6}$.

**2)** La transformation $3\to4$ est adiabatique réversible, on peut donc lui appliquer la loi de Laplace, ainsi: $P_4=P_3\left(\dfrac{V_3}{V_4}\right)^{\gamma}$, puis du fait que $V_4=V_1$: $P_4=P_3\left(\dfrac{V_3}{V_1}\right)^{\gamma}$. Il suffit maintenant de récrire cette dernière relation sous la forme : $P_4=P_3\left(\dfrac{V_3}{V_2}\dfrac{V_2}{V_1}\right)^{\gamma}$, qui montre que : $\boxed{P_4=P_3c^{\gamma}a^{-\gamma}}$.

Par ailleurs $T_4=T_3\left(\dfrac{V_3}{V_4}\right)^{\gamma-1}$ et par la même astuce : $\boxed{T_4=T_3c^{\gamma-1}a^{1-\gamma}}$. A.N. : $\boxed{P_4=3.75\times10^5 Pa}$ et $\boxed{T_4=1202K}$.

**3)** *La transformation $4\to1$ est isochore, la quantité de chaleur élémentaire échangée peut être calculée par : $\delta Q=nC_{Vm}dT$ car $dV=0$. D'où par intégration : $\boxed{Q_{41}=nC_{Vm}(T_1-T_4)}$. A.N. : $\boxed{Q_{41}=-38780J}$.

*Par application du premier principe de la thermodynamique à un cycle, il vient :

$\Delta U_{cycle}=W+Q_{23}+Q_{41}=0$. D'où $\boxed{W=-Q_{23}-Q_{41}}$. A.N. : $\boxed{W=-44820J}$.

*Le rendement thermique du moteur est : $\boxed{\eta=\dfrac{|W|}{Q_{23}}}$, soit $\boxed{\eta=-\dfrac{W}{Q_{23}}}$. A.N. : $\boxed{\eta=53.6\%}$.

**4)** *Connaissant la vitesse de rotation du vilebrequin qui est $\omega=1200tr.mn^{-1}$ et tenant compte du fait qu'il fait 2 tours pour réaliser un cycle, le nombre de cycle par minute est alors de 600, soit 10 cycles par seconde. La durée d'un cycle est donc: $t=0.1s$.

La puissance du moteur est: $\boxed{P_u=\dfrac{|W|}{t}}$. A.N.: $P_u=448.2kW$, soit $\boxed{P_u=609ch}$.

* Le volume de gazole consommé par heure est donc: $\boxed{v_g(1h)=3600\times10\times v_g}$, soit : $\boxed{v_g(1h)=79.2\ell}$.

* La consommation spécifique est par définition: $\boxed{C_s=\dfrac{v_g(1h)}{P_u}}$. A.N.: $\boxed{C_s=0.177\ \ell/kWh}$.

**Remarque:** *Le cheval vapeur qui, dans le cas du cheval européen, correspond à la puissance fournie par un cheval qui tire un seau d'eau de* $75\,\text{kg}$ *à la vitesse de* $1\ \text{m/s}$*, ne doit pas être confondu avec le cheval fiscal.*

*La définition du cheval fiscal dépend du pays. En France et depuis 1998, la puissance fiscale est définie par:* $P_f = \frac{C}{45} + \left(\frac{P_u}{40}\right)^{1.6}$ *où* $C$ *est l'émission en* $CO_2$ *exprimée en g par km parcouru et* $P_u$ *la puissance exprimée en kW. Cette formule pénalise les moteurs polluants selon le principe pollueur payeur.*

**Exercice 2 :**

Le réfrigérateur utilisant un fluide frigorigène suivant le cycle de Joule fonctionne durant un cycle avec les transformations suivantes :

* Compression adiabatique : $A(P_A,T_A,V_A) \to B(P_B,T_B,V_B)$

* Refroidissement isobare (au contact de la source chaude): $B(P_B,T_B,V_B) \to C(P_C,T_C,V_C)$

* Détente adiabatique : $C(P_C,T_C,V_C) \to D(P_D,T_D,V_D)$

* Réchauffement isobare (au contact de la source froide): $D(P_D,T_D,V_D) \to A(P_A,T_A,V_A)$

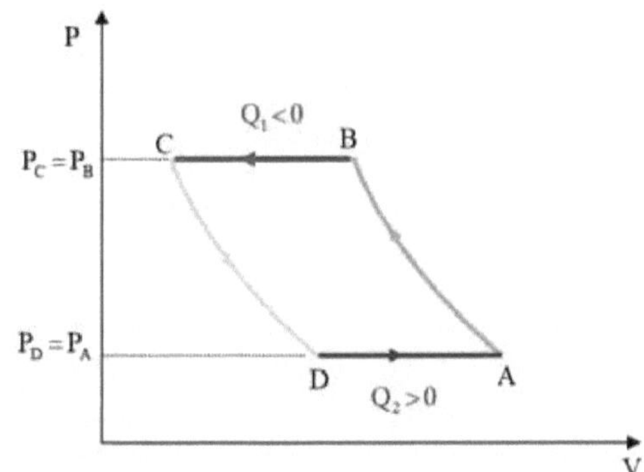


$Q_1$ : quantité de chaleur échangée avec la source chaude

$Q_2$ : quantité de chaleur échangée avec la source froide

W : travail reçu par le système

Les points remarquables du cycle sont les points : A, B, C et D.

**1)** Le gaz est parfait et les transformations $A \to B$ et $C \to D$ sont adiabatiques réversibles. La loi de Laplace qui s'applique alors permet de relier d'une part les températures aux points A et B aux pressions $P_A$ et $P_B$ et d'autre part les températures aux points C et D aux mêmes pressions précédentes, ce qui conduit à l'élimination des pressions pour aboutir à la relation entre les températures des points remarquables. Ainsi

$P_A^{1-\gamma}T_A^{\gamma} = P_B^{1-\gamma}T_B^{\gamma}$, $P_C^{1-\gamma}T_C^{\gamma} = P_D^{1-\gamma}T_D^{\gamma}$, $P_D = P_A$ **et** $P_C = P_B$ entrainent : $\frac{P_A^{1-\gamma}T_A^{\gamma}}{P_A^{1-\gamma}T_D^{\gamma}} = \frac{P_B^{1-\gamma}T_B^{\gamma}}{P_B^{1-\gamma}T_C^{\gamma}}$, ce qui donne,

$\frac{T_A^{\gamma}}{T_D^{\gamma}} = \frac{T_B^{\gamma}}{T_C^{\gamma}}$, soit $\boxed{T_A T_C = T_B T_D}$.

**2)** * L'efficacité du réfrigérateur est par définition : $e=\frac{Q_2}{W}$. Par application du premier principe de la thermodynamique sur un cycle, il vient : $\Delta U_{cycle}=W+Q_1+Q_2=0$. D'où $W=-Q_1-Q_2$. Ce qui permet d'écrire l'efficacité sous la forme : $e=-\frac{Q_2}{Q_1+Q_2}=-\frac{1}{1+\frac{Q_1}{Q_2}}$.

Les échanges des chaleurs $Q_1$ et $Q_2$ se font suivant des isobares, pour lesquelles on sait que : $Q_1=nC_{Pm}(T_C-T_B)$ et $Q_2=nC_{Pm}(T_A-T_D)$. D'où l'on tire : $\frac{Q_1}{Q_2}=\frac{T_C-T_B}{T_A-T_D}$.

En utilisant la relation de la question 1) et les règles des proportions, il vient : $\frac{T_C}{T_D}=\frac{T_B}{T_A}=\frac{T_C-T_B}{T_D-T_A}$. D'où $\frac{Q_1}{Q_2}=-\frac{T_B}{T_A}$ et par suite $\boxed{e=\frac{T_A}{T_B-T_A}}$.

* Pour un réfrigérateur fonctionnant selon le cycle de Carnot (qu'on n'a pas le droit d'ignorer !), et entre les isothermes $T_A$ et $T_C$, l'efficacité est maximale et vaut : $e_{Carnot}=\frac{T_A}{T_A-T_C}$. Partant alors de $T_C<T_B$, on obtient : $T_C-T_A<T_B-T_A$. Bien entendu le cycle de Carnot ne peut être envisagé que si $0<T_C-T_A$. D'où $\frac{1}{T_B-T_A}<\frac{1}{T_C-T_A}$ et $\frac{T_A}{T_B-T_A}<\frac{T_A}{T_C-T_A}$, soit $\boxed{e<e_{Carnot}}$.

**3)** Notons $e_{réelle}$ l'efficacité réelle du réfrigérateur comme conséquence des irréversibilités présentes dans tout système réel (le système réversible ne peut exister en toute rigueur que dans le cas du cycle de Carnot avec des adiabatiques réversibles qui notons le doivent être suffisamment lentes pour être quasi-statiques et suffisamment rapides pour vérifier la condition sur le confinement de la chaleur sans aucune perte à travers les parois). Ici, $e_{réelle}=0.6e$.

**3.a** Consommation électrique nécessaire au compresseur pour extraire 1kcal :

Le rapport des pressions $P_B/P_A=3$ permet de calculer le rapport des températures $T_A/T_B$. Il suffit pour cela d'utiliser l'adiabatique réversible $A\to B$, qui admet donc la loi de Laplace. D'où $P_A^{1-\gamma}T_A^{\gamma}=P_B^{1-\gamma}T_B^{\gamma}$. Ce qui donne $T_A/T_B=(P_B/P_A)^{(1-\gamma)/\gamma}=3^{(1-\gamma)/\gamma}$. En substituant dans l'expression de l'efficacité réelle $e_{réelle}$, il vient : $e_{réelle}=0.6e=\frac{0.6}{T_B/T_A-1}=\frac{0.6}{3^{(\gamma-1)/\gamma}-1}$, soit $e_{réelle}=\frac{0.6}{3^{(\gamma-1)/\gamma}-1}$. L'énergie réelle à injecter dans le système pour extraire $Q_2$ de la source froide est $W_{réel}=\frac{Q_2}{e_{réelle}}$, il vient alors: $\boxed{W_{réel}=\frac{3^{(\gamma-1)/\gamma}-1}{0.6}Q_2}$. Comme $Q_2=1\text{kcal}=4185\text{J}$, l'application numérique pour $\gamma=1.4$ permet d'obtenir : $\boxed{W_{réel}=2.572\text{kJ}}$.

**3.b** La puissance permet de calculer le travail disponible pour une durée d'un jour sous la forme suivante : $W=Pt$ où $t$ est la durée du jour, soit $t=1\times24\times60\times60=86400\text{s}$. Donc l'énergie disponible est $W_{réel}=200\times86400=1.728\times10^7\text{J}$. La quantité de froid produite est tenant compte de l'efficacité réelle $\boxed{Q_2=e_{réelle}W}$. Cette relation montre bien la signification de l'efficacité qui représente ainsi le coefficient de performance par lequel le travail est multiplié. Ici $e_{réelle}=1.63$ Le système prend plus d'énergie à la source froide (63% de plus) qu'il n'a d'énergie disponible pour cela, car il est capable de la rejeter dans la source chaude.

A.N. : $\boxed{Q_2=2.82\times10^7\,J}$.

**Exercice 3 :**

**1.** Le cycle est représenté sur la figure ci-dessous :

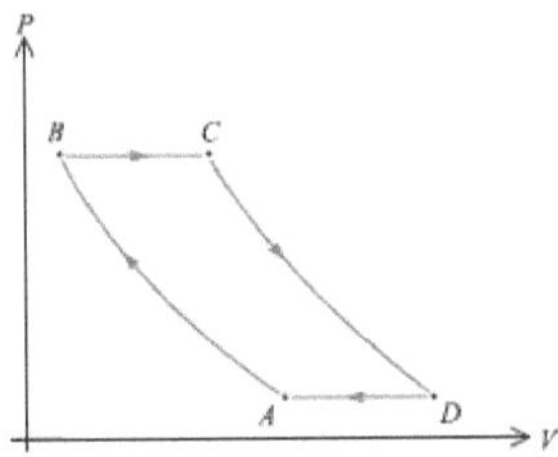


**2.** Le cycle est parcouru dans le sens horaire, donc l'aire du cycle est positive, donc le travail reçu négatif. Donc le cycle est moteur.

**3.** C'est un cycle moteur son rendement est défini par :

$$\eta=-\frac{W}{Q_{reçu}}$$

Où $Q_{reçu}$ est le transfert thermique effectivement reçu par le système au cours d'un cycle. Sur une étape isotherme $Q=-W=nRT\ln\frac{P_i}{P_f}$. Sur une isobare : $Q=\Delta H=nC_{Pm}\Delta T$, donc :

$$Q_1=nRT_1\ln\frac{P_1}{P_2}<0$$

$$Q_2=nC_{Pm}(T_3-T_1)>0$$

$$Q_3=nRT_3\ln\frac{P_2}{P_1}>0$$

$$Q_2=nC_{Pm}(T_1-T_3)<0$$

Le transfert thermique effectivement reçu est donc : $Q_2+Q_3$. D'où me rendement :

$$\eta=1+\frac{Q_1+Q_4}{Q_2+Q_3}$$

$$\eta=1-\frac{T_1\ln\left(\frac{P_2}{P_1}\right)+\frac{7}{2}(T_3-T_1)}{T_3\ln\left(\frac{P_2}{P_1}\right)+\frac{7}{2}(T_3-T_1)}$$

Puisque $T_3 > T_1$ et $P_2 > P_1$, le terme de droite est inférieur à 1 mais positif. Donc $\eta$ est bien compris entre 0 et 1.

**Exercice 4 :**

**1.** Le cycle est représenté sur la figure ci-dessous.

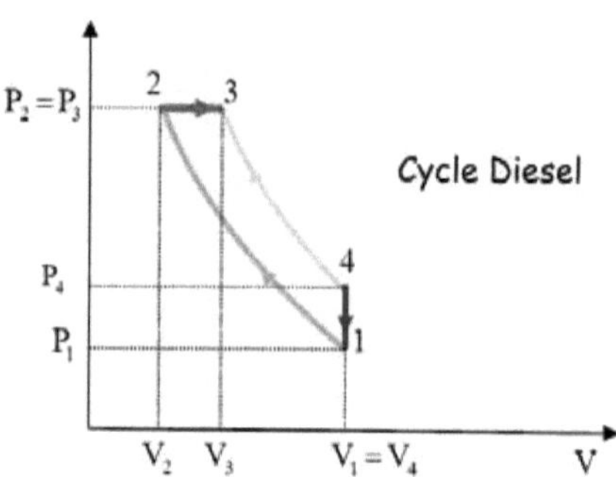


Les seules données sont $P_1, V_1, T_1$ et $a = \frac{V_1}{V_2}$, $b = \frac{V_4}{V_3}$

L'état (2) est déterminé à partir de la loi de Laplace : $P_2V_2^\gamma = P_1V_1^\gamma \Rightarrow V_2 = \frac{1}{a}V_1$ et $P_2 = a^\gamma P_1$

En plus, on a $\frac{P_2V_2}{T_2} = \frac{P_1V_1}{T_1} \Rightarrow T_2 = a^{\gamma-1}T_1$

L'état (3) est caractérisé par : $P_3 = P_2 = a^\gamma P_1$ et $V_3 = \frac{1}{b}V_4$

T₃ se déduit de :

$$\frac{T_3}{T_2}\frac{T_2}{T_1} = \frac{V_3}{V_2}a^{\gamma-1} = \frac{a}{b}a^{\gamma-1} = \frac{a^\gamma}{b}$$

$$T_3 = \frac{a^\gamma}{b}T_1$$

L'état (4) est caractérisé par : $V_4 = V_1$

$$P_4V_1^\gamma = P_3V_3^\gamma \Rightarrow P_4 = \left(\frac{V_1}{V_3}\right)^{-\gamma} P_3 = \left(\frac{a}{b}\right)^\gamma P_1$$

et $\frac{P_1}{T_1} = \frac{P_4}{T_4} \Rightarrow T_4 = \left(\frac{a}{b}\right)^\gamma T_1$

Applications numériques :

$(1): P_1=10^5\,Pa \quad T_1=300K \quad V_1=2.494\,10^{-2}m^3$

$(2): P_2=2.17\,10^6\,Pa \quad T_2=722.5K \quad V_2=2.77\,10^{-3}m^3$

$(3): P_3=2.17\,10^6\,Pa \quad T_3=2167.4K \quad V_3=8.315\,10^{-3}m^3$

$(4): P_1=4.65\,10^5\,Pa \quad T_4=1396.7K \quad V_4=2.494\,10^{-2}m^3$

**2.** En raisonnant sur chaque étape :

$(1)\longrightarrow(2)$ : adiabatique

$$W_{1\to2}=\Delta U_{1\to2}=C_{Vm}(T_2-T_1) \text{ car } Q_{1\to2}=0 \text{ et } C_{Vm}=\frac{R}{\gamma-1}$$

$(2)\longrightarrow(3)$ : isobare

$$W_{2\to3}=-P_2(V_3-V_2) \text{ et } Q_{2\to3}=\Delta H_{2\to3}=C_{Pm}(T_3-T_2)$$

$(3)\longrightarrow(4)$ : adiabatique

$$W_{3\to4}=\Delta U_{3\to4}=C_{Vm}(T_4-T_3) \text{ car } Q_{3\to4}=0$$

$(4)\longrightarrow(1)$ : isochore

$$W_{4\to1}=0 \text{ et } Q_{4\to1}=\Delta U_{4\to1}=C_{Vm}(T_1-T_4)$$

Pour déterminer le rendement, il est intéressant de remarquer que la chaleur reçue par le système est $Q_{2\to3}$ (positive car $T_3>T_2$) et la chaleur restituée par le système est $Q_{4\to1}$ (négative car $T_4>T_1$) :

$$Q_{2\to3}=42.075kJ \quad Q_{4\to1}=-22.811kJ$$

**3.** Le rendement de ce cycle moteur s'exprime par :

$$\eta=-\frac{W}{Q_{2\to3}} \text{ or pour un cycle } W+Q_{2\to3}+Q_{4\to1}=0$$

$$\text{Soit : } \eta=1+\frac{Q_{4\to1}}{Q_{2\to3}}=1+\frac{1}{\gamma}\frac{T_1-T_4}{T_3-T_2}$$

En utilisant : $T_4=\left(\frac{a}{b}\right)^\gamma T_1$, $T_3=\frac{a^\gamma}{b}T_1$ et $T_2=a^{\gamma-1}T_1$, il vient :

$$\eta=1-\frac{1}{\gamma}\frac{1-\left(\frac{a}{b}\right)^\gamma}{\left(\frac{a^\gamma}{b}-a^{\gamma-1}\right)}=1-\frac{1}{\gamma}\frac{a^\gamma-b^\gamma}{(ab)^{\gamma-1}(a-b)}$$

En calculant $\eta$ directement, on obtient : $\eta=45.8\%$

On peut vérifier à partir des valeurs numériques de $Q_{2\to3}$ et $Q_{4\to1}$

$W=-(Q_{2\to3}+Q_{4\to1})=-19.264\,kJ$ et $\eta=45.8\%$.

**Exercice 5 :**

**1.a**

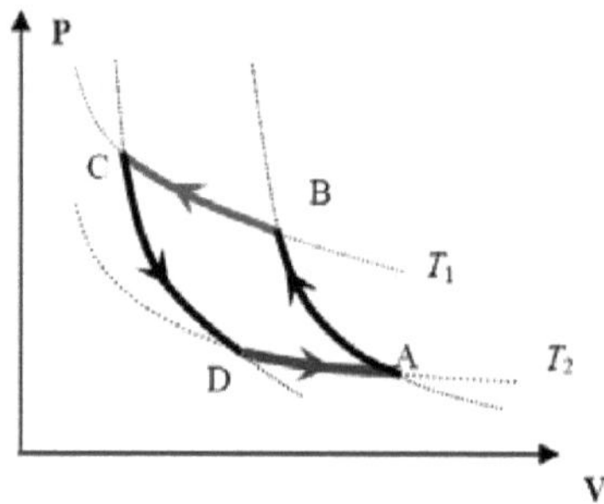


**1.b** Le cycle représenté est un cycle de Carnot.

**1.c** L'air du cycle est proportionnelle au travail échangé par le système au cours du cycle.

**1.d** Le cycle est parcouru dans le sens inverse des aiguilles d'une montre :

⇨ Le travail est positif, alors le cycle est un récepteur.

**2.a** La branche AB : transformation adiabatique $dQ=0$ ;

$$dW=dU=nC_{Vm}dT \Rightarrow W_{AB}=\int_{T_2}^{T_1} nC_{Vm}dT=nC_{Vm}(T_1-T_2)$$

Branche BC : transformation isotherme

$$dW=-PdV \Rightarrow W_{BC}=-\int_{V_B}^{V_C}\frac{nRT_1}{V}dV=nRT_1\ln\frac{V_B}{V_C}$$

Branche CD : transformation adiabatique

$$dW=dU=nC_{Vm}dT \Rightarrow W_{CD}=\int_{T_1}^{T_2} nC_{Vm}dT=nC_{Vm}(T_2-T_1)$$

Branche DA : transformation isotherme

$$dW=-PdV \Rightarrow W_{DA}=-\int_{V_D}^{V_A}\frac{nRT_2}{V}dV=nRT_2\ln\frac{V_D}{V_A}$$

**2.b** Le travail total *W* échangé par le système lors du cycle : $W=nRT_1\ln\frac{V_B}{V_C}+nRT_2\ln\frac{V_D}{V_A}$

**3.a** Les transformations AB et CD sont adiabatiques, alors : $Q_{AB}=Q_{CD}=0$

La transformation BC est une transformation isotherme d'un gaz parfait dont $dW+dQ=dU=0$

$dQ=-dW \Rightarrow Q_{BC}=-W_{BC}=nRT_1\ln\frac{V_C}{V_B}=Q_1$

De même $Q_{DA}=-W_{DA}=nRT_2\ln\frac{V_A}{V_D}=Q_2$

**3.b** Dans le cas du cycle : $\Delta U=0$

$W=-(Q_{BC}+Q_{DA})=-(Q_1+Q_2)$

ainsi: $W=nRT_1\ln\frac{V_B}{V_C}+nRT_2\ln\frac{V_D}{V_A}$

**4.a** Transformations adiabatiques : $Q_{AB}=Q_{CD}=0 \rightarrow \Delta S_{AB}=\Delta S_{CD}=0$

Transformation isotherme : $dU=0 \Rightarrow dW=-dQ$

$dS=\frac{dQ}{T}=\frac{dQ^{rev}}{T}=\frac{PdV}{T}=\frac{nRdV}{V}$ transformation BC : $\Delta S_{BC}=nR\ln\frac{V_C}{V_B}$

Transformation DA : $\Delta S_{DA}=nR\ln\frac{V_A}{V_D}$.

**4.b** La variation d'entropie du cycle : $\Delta S=\Delta S_{BC}+\Delta S_{DA}$

Loi de Laplace entre A et B : $\begin{matrix} T_A V_A^\gamma=T_B V_B^\gamma \\ T_C V_C^\gamma=T_D V_D^\gamma \end{matrix} \qquad \left.\begin{matrix} T_2 V_A^\gamma=T_1 V_B^\gamma \\ T_1 V_C^\gamma=T_2 V_D^\gamma \end{matrix}\right]$

$\Rightarrow\left(\frac{V_D}{V_C}\right)^\gamma=\left(\frac{V_A}{V_B}\right)^\gamma=\frac{T_1}{T_2} \Rightarrow \frac{V_A}{V_B}=\frac{V_D}{V_C}$

$$\begin{aligned}\Delta S_{BC}+\Delta S_{DA}&=nR\ln\frac{V_C}{V_B}+nR\ln\frac{V_A}{V_D}=nR\ln V_C-nR\ln V_B+nR\ln V_A-nR\ln V_D\\&=nR\ln\frac{V_A}{V_B}-nR\ln\frac{V_D}{V_C}=0\end{aligned}$$

D'où : $\Delta S_{Cycle}=0$ : transformation cyclique réversible.

**5.a** Le cycle est récepteur car W>0, deux cas se présentent :

*pompe à chaleur :

dans ce cas $\frac{\text{gain}}{\text{Dépense}}=-\frac{Q_1}{W}=\text{performance}=p=\frac{Q_1}{Q_2+Q_1}$

*machine frigorifique :

Dans ce cas $\frac{\text{gain}}{\text{Dépense}}=\frac{Q_2}{W}=\text{efficacité}=e=-\frac{Q_2}{Q_2+Q_1}$

**5.b** Relation de Clausius : $\frac{Q_1}{T_1}+\frac{Q_2}{T_2}=0 \Rightarrow \frac{Q_1}{T_1}=-\frac{Q_2}{T_2}$

D'où $p=\frac{T_2}{T_1-T_2}$ $\quad e=\frac{T_1}{T_1-T_2}$

**6.a** au cours de la transformation DA la source 2 a échangée $\Delta S_2=-\frac{Q_2^{rev}}{T_2}<0$

Au cours de la transformation BC la source 1 a échangée $\Delta S_1=-\frac{Q_1^{rev}}{T_1}>0$

**6.b** $\Delta S_T=\Delta S_{\text{système}}+\Delta S_1+\Delta S_2=0$

Conclusion : le système et les deux sources forment un système isolé, puisque la transformation cyclique est réversible. $\Delta S_T=0$

**7.** La transformation BC était isotherme, la nouvelle transformation est irréversible, puisque S est une fonction d'état, d'où : $\Delta S_{BC}=nR\ln\frac{V_C}{V_B}$

**Exercice 6 :**

**1.**

**1.1** La détente est adiabatique réversible, la loi de Laplace s'applique à la transformation entre les états $(P_1,T_0)$ et $(P_0,T_1)$, et l'on a : $P_1^{1-\gamma}T_0^{\gamma}=P_0^{1-\gamma}T_1^{\gamma}$. D'où $\boxed{T_1=T_0\left(\frac{P_1}{P_0}\right)^{\frac{1-\gamma}{\gamma}}}$. A.N. : $\boxed{T_1=219.2K}$

**1.2** * En utilisant l'expression de la qualité de chaleur échangée durant la transformation isotherme en fonction du couple des variable thermodynamiques $(P,T)$, il vient : $\delta Q=nC_{Pm}dT-VdP=-VdP$. Utilisant la loi d'état durant cette transformation isotherme pour laquelle $PV=nRT=nRT_0$, il vient : $\delta Q=-nRT_0\frac{dP}{P}$. D'où par intégration, $\boxed{Q_{i1}=-nRT_0\ln\left(\frac{P_1}{P_0}\right)}$. A.N. : $\boxed{Q_{i1}=-2740J}$.

* Le travail échangé durant la transformation isotherme peut être calculé directement, mais il est préférable de le déduire à partir de la première loi de Joule qui est satisfaite par tout gaz parfait. Vue que la transformation est isotherme, il n'y a donc pas variation d'énergie interne, ce qui par utilisation du premier principe exige de vérifier $Q_{i1}+W_{i1}=0$. D'où $\boxed{W_{i1}=nRT_0\ln\left(\frac{P_1}{P_0}\right)}$

A.N. : $\boxed{W_{i1}=2740J}$.

* Le travail échangée durant l'adiabatique est égal exactement à la variation de l'énergie interne qui pour un gaz parfait donc de Joule est donnée par : $W_{a1} = \Delta U = nC_{Vm}(T_1 - T_0)$, soit en utilisant $C_{Vm} = \dfrac{R}{\gamma - 1}$ : $\boxed{W_{a1} = \dfrac{nR}{\gamma - 1}(T_1 - T_0)}$.

A.N. : $\boxed{W_{a1} = -1680\text{J}}$.

**1.3** Le travail total échangé durant cette première opération, consistant en une double transformation isotherme – adiabatique, est : $\boxed{W_1 = W_{i1} + W_{a1}}$. A.N. : $\boxed{W_1 = 1060\text{J}}$.

**1.4** Ici les transformations sont supposées réversibles et durant la première opération : $\Delta S_1 = \Delta S_{i1,rev} + \Delta S_{a1,rev} = \Delta S_{i1,rev}$. La variation élémentaire d'entropie d'un gaz parfait subissant une transformation élémentaire réversible s'écrit : $dS_{rev} = \dfrac{\delta Q_{rev}}{T} = nC_{Pm}\dfrac{dT}{T} - V\dfrac{dP}{T}$. D'où pour une transformation isotherme : $dS_{rev} = -V\dfrac{dP}{T} = -nR\dfrac{dP}{P}$. Par intégration, il vient alors : $\Delta S_{i1,rev} = -nR\ln\left(\dfrac{P_1}{P_0}\right)$, ce qui donne $\boxed{\Delta S_1 = -nR\ln\left(\dfrac{P_1}{P_0}\right)}$. A.N. : $\boxed{\Delta S_1 = -9.1\,\text{J.K}^{-1}}$.

**2.**

**2.1** Toutes les opérations se répètent de manière formellement identiques, le passage du point obtenu après $N-1$ opérations au point correspondant à $N$ opérations achevées permet donc d'écrire: $T_N = T_{N-1}\left(\dfrac{P_1}{P_0}\right)^{\frac{1-\gamma}{\gamma}}$. Ce qui par récurrence (suite géométrique classique) nous permet d'écrire: $\boxed{T_N = T_0\left(\dfrac{P_1}{P_0}\right)^{N\left(\frac{1-\gamma}{\gamma}\right)}}$. (L'exposant est noté ici $N$ pour ne pas le confondre avec le nombre de moles $n$).

**2.2** On désire $T_N \leq 100\text{K}$, il suffit que $T_0\left(\dfrac{P_1}{P_0}\right)^{N\left(\frac{1-\gamma}{\gamma}\right)} \leq 100$, c'est-à-dire : $\left(\dfrac{P_1}{P_0}\right)^{N\left(\frac{1-\gamma}{\gamma}\right)} \leq \dfrac{100}{T_0}$, ou encore par composition avec la fonction logarithme népérien : $N\left(\dfrac{1-\gamma}{\gamma}\right) \leq \ln\left(\dfrac{100}{T_0}\right) \Big/ \ln\left(\dfrac{P_1}{P_0}\right)$, soit puisque $1-\gamma < 0$ : $\boxed{N \geq \dfrac{\gamma}{1-\gamma}\ln\left(\dfrac{100}{T_0}\right) \Big/ \ln\left(\dfrac{P_1}{P_0}\right)}$. A.N. : $\boxed{N \geq 3.5 \Rightarrow N = 4}$. 4 opérations sont donc nécessaire pour avoir $T_N \leq 100\text{K}$.

**2.3** D'une opération à l'autre la variation d'entropie ne change pas, car les opérations se font entre les mêmes pressions avec un rapport des pressions qui reste constant. La variation cumulée est donc simplement le produit de $N$, le nombre total des opérations effectuées par la quantité $\Delta S_1$ calculée dans la question **1.4**. D'où $\Delta S_N = N\Delta S_1$, $\boxed{\Delta S_N = -nNR\ln\left(\frac{P_1}{P_0}\right)}$.

## Références

**1**. Foussard Jean-Noël, Stéphane Mathé. Mini Manuel De Thermodynamique :Cours Et Exercices . 2ème édition. Dunod, 2009.

**2**. Hubert Lumbroso. Thermodynamique : Problèmes résolus. $3^{ème}$ édition. Mc Graw-Hill, 1984.

**3**. L. Bocquet, J.P. Faroux et J. Renault. Toute la Thermodynamique, la mécanique des fluides et les ondes mécaniques, cours et exercices corrigés, classes préparatoires MPSI-PCSI, MP-PC-PSI. Editions Dunod 2002.

**4**. J. Bergua, P. Goulley, D. Nessi. Les nouveau précis Bréal ; Physique : Exercices MPSI. Edition Bréal 2003.

Printed by Books on Demand GmbH, Norderstedt / Germany